北海道の地すべり地形
デジタルマップ

山岸宏光 編著

北海道大学出版会

扉：北海道積丹半島の大規模地すべり地形「沼前地すべり」(石丸　聡　撮影)

Hiromitsu Yamagishi
Hokkaido Landslide Digital Map (＋DVD)
©2012 by Hiromitsu Yamagishi
All rights reserved. No part of this publication may be reproduced or transmitted in any form or by any means, electronic or mechanical, including photocopy, recording, or any information storage and retrieval system, without permission in writing from the authors.

Hokkaido University Press
Sapporo, Japan

ISBN 978-4-8329-8200-0

Printed in Japan

まえがき

　最近のIT技術の進展にともない，地図表現技術は，数値地図となり，それらがインターネットで配信されるようになってきた。こうしたことを背景として，斜面災害研究にも世界的に広くGIS技術が使われるようになり，"GIS Landslide"の研究分野も一分野を構成するまでになってきた。

　編著者の山岸は，1993年に北海道大学出版会(当時は北海道大学図書刊行会)から，5万分の1地すべり地形分布図を収録した『北海道の地すべり地形——分布図とその解説』を刊行し，その4年後に『北海道の地すべり地形データベース』を同出版会から刊行した(山岸ほか，1997)。しかし，当時はGISはまだ十分普及しておらず，データベースの扱いもVisual basicで専門的に扱う必要があり，素人には困難であった。

　しかし，最近では，紙地図も必要ではあるが，数値化されたさまざまな地図データが多く配信され，地すべりなどの斜面災害分野では，地すべり地形分布図などのGIS化が進んでいて，本州および北海道の一部については，すでに防災科学技術研究所(http://lsweb1.ess.bosai.go.jp/jisuberi/jisuberi_mini/login.asp)からは従来の地すべり地形分布図がGIS用ファイルとして無料で発信されている。また，地質データが産業技術総合研究所地質調査総合センターの(20万分の1)シームレス地質図データベースからダウンロードできるようになった(Geo_DB：http://riodb02.ibase.aist.go.jp/db084/)。地形標高データ(DEM)についても，国土地理院(http://www.gsi.go.jp/)からは基盤地図情報として10m DEMなどが，国土交通省からは国土数値情報(http://nlftp.mlit.go.jp/ksj/)などが無償でダウンロードできるようになってきた。したがって，地すべり地形と地質や地形，土地利用との関連などGIS上での解析が容易になってきた。

　さて，本書と付録のDVDのもとになっている紙ベースの『北海道の地すべり地形——分布図とその解説』(1993)は，5万分の1地すべり地形分布図(268枚)と20万分の1地すべり地形分布図(27枚)から構成されていて，それぞれ

の地すべり地形には番号がふられている．その後に刊行した『北海道の地すべり地形データベース』(1997)では，地すべり地形ごとの最高点標高，幅，長さ，面積，森林区分，地すべり指定地，地質コードなどを，北海道の地すべり地形一覧表(EXCEL)として収納した．しかし，当時はデータベースを活用するには多少専門的な知識が必要であった．本書では付録のDVD中のデータを活用すれば，Google Earthなどの画像データ，GPSやGIS，関連統計ソフト，DEM(数値標高モデル)や地質図(Geo_DBなど)，活断層や地震データなどと関連する地形・地質データなどの数値情報と連動させることで，さまざまな処理が可能となっている．

本書の構成は以下の4章からなる．
第1章　DVDの内容とGISの作成法──ユーザーマニュアル
第2章　北海道の地すべり地形分布と地質・地形との関連
第3章　「北海道の地すべり地形デジタルマップ」を用いた地形特性解析
第4章　北海道の地すべり活動度評価を行うためのデータベース作成の取り組み

これらのうち，第1章は付録DVDの解説，第2章と第3章ではこの地すべり地形デジタルマップと地質や地形のデジタルデータとの関連についての解析例を紹介した．第4章では，付録DVD中の地すべり地形デジタルデータとほぼ同じものを使って地すべり活動度評価マップを表示するための「GIS型データベース」の開発，危険度判定に使用した手法を解説した．

本書と付録DVDが広く，全国の大学や研究所における，環境や災害の研究や教育，さらには北海道をはじめとする各行政機関や地質・建設コンサルタントの防災技術者の防災マップ作成などの業務に役立てられれば幸いである．

なお，本書の刊行にあたっては下記の方々にお世話になった．本書付録のDVDデータのマザー版作成にあたっては，㈱ドーコンの金秀俊さんとともに㈱ドーコンにご支援いただいた．「地すべり地形の活動度評価のためのデータベース」の作成にあたり，防災科学技術研究所の井口隆氏に地すべり地形分布図の使用についてご協力をいただいた．北海道庁の建設部砂防災害課・水産林務部治山課・農政部農村整備課には，地すべり防止区域をはじめ

とした地すべり指定地の情報をご提供いただいた．また，地すべり活動度判定基準を作成するため，㈱防災地質工業の雨宮和夫氏，北見工業大学の伊藤陽司准教授，明治コンサルタント㈱の坪山厚実氏，㈲地盤工房の中村研氏，㈱構研エンジニアリングの横田寛氏，㈲テレリサーチの若山茂氏に全面的にご協力をいただいた．以上の皆さまに深くお礼を申し上げる．最後になったが，本書の刊行に力添えいただいた北海道大学出版会の成田和男氏ならびに添田之美氏にも謝意を表する．

    2011年12月27日

執筆者を代表して
山岸宏光

目　次

まえがき　i

第1章　DVDの内容とGISの作成法
──ユーザーマニュアル ………………………………… 1

1. DVDの内容　2
2. 地図ビューアーソフトArcReaderの使い方　6

第2章　北海道の地すべり地形分布と地質・地形との関連
………………………………………………………………… 31

1. 使用データ　32
2. 「北海道の地すべり地形分布図」のGISによる統計処理　33
3. 「北海道の地すべり地形デジタルマップ」と地質・地形との関連についてのGIS解析例　42
4. 「北海道の地すべり地形デジタルマップ」と国土数値情報との関連についてのGIS解析例　47
5. 北海道の地すべり地形のベクター解析法　48
6. 北海道の地すべり地形のラスター解析法　53

第3章　「北海道の地すべり地形デジタルマップ」を用いた地形特性解析 ………………………………… 61

1. 地形解析処理の前段階　62
2. 北海道の地すべり全域，および地すべり移動体の地形・地質特性　67
3. 地すべりの空間分布　73

第 4 章　北海道の地すべり活動度評価を行うための
　　　　　データベース作成の取り組み ……………………………… 81

　1．これまでの北海道の地すべり分布図とそれらの地すべりデータベース
　　　への活用　82
　2．データベース構築のための作業手順と作成される機能　85
　3．データベースの活用策　94

索　　引　97
執筆者一覧　101

付録 DVD

1. 5 万分の 1 北海道の地すべり地形分布図 pdf ファイル（計 269 枚；ラスターデータ）
2. ArcReader 9.3.1 と 20 万分 1「北海道の地すべり地形分布図」地図画像ファイル（計 27 枚；ラスターデータ）
3. 地すべり地形 shp ファイル（12,827 箇所；ベクターデータ）
4. 「北海道の地すべり指定地」EXCEL ファイル（250 箇所）と shp ファイル（ベクターデータ）

第1章　DVDの内容とGISの作成法
——ユーザーマニュアル

1. DVDの内容
2. 地図ビューアーソフトArcReaderの使い方

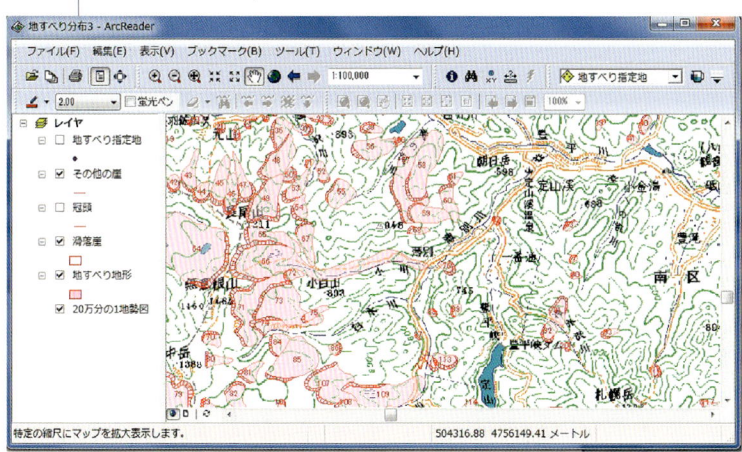

ArcReaderの表示例——豊平峡付近

DVD-ROMに収録されているGISデータは『北海道の地すべり地形』(1993)の地図画像を200 dpiの解像度でスキャナーで取り込んだものを背景としてGISソフトに取り込み，地すべり範囲および滑落崖を図形データとしてトレースした。その後，『北海道の地すべり地形データベース』(1997)付属CD-ROMに含まれているEXCELファイルのデータを，位置情報をもとにトレースした図形と結合して属性データとして取り込んだ。データ形式はESRI社のシェープファイルに変換し，東京測地系から日本測地系2000(GCS_JGD_2000)への座標変換も行った。

本書付録 DVD-ROM に収録されている GIS データは以下の手順で作成した。『北海道の地すべり地形分布図』(1993)の地図画像を 200 dpi の解像度でスキャナーで取り込んだものを背景として GIS ソフトに取り込み，地すべり範囲および滑落崖を図形データとしてトレースした。その後，『北海道の地すべり地形データベース』(1997)付属 CD-ROM に含まれている EXCEL ファイルのデータを，位置情報をもとにトレースした図形と結合して属性データとして取り込んだ。最後に，データ形式を ESRI 社のシェープファイルに変換し，合わせて東京測地系から日本測地系 2000(GCS_JGD_2000)への座標変換も行った。データの仕様は以下のとおりである。

- データ形式：地すべり地形，主滑落崖(ESRI 社シェープファイルポリゴン)
  冠頭および二次滑落崖，その他の崖(ESRI 社シェープファイルポリライン)
  地すべり指定地(ESRI 社シェープファイルポイント)
- 測地系／座標系：日本測地系 2000(D_JGD_2000)／経緯度(GCS_JGD_2000)
- データ精度：トレース作業時，縮尺 2 万 5,000 分の 1 表示で 1 mm 以内の誤差で位置を読み取った。

1. DVD の内容

この DVD には以下のデータが収録されている。図 1.1 に，DVD でのフォルダ構成を示す。
図 1.1 の(1)〜(4)の 4 種類のデータについて，以下に概説する。

1.1 5 万分の 1 北海道の地すべり地形分布図

各々の地すべり地形は，移動体と滑落崖からなる全体の地すべり地形ポリゴン(A_JGD)，主滑落崖のポリゴン(B_JGD)，冠頭および二次滑落崖ポリライン(C_JGD)からなっている。また，移動体のない崖や亀裂などはその他の崖ポリライン(D_JGD)として整理した。移動体ポリゴンには，『北海道の地すべり地形データベース』(1997)のデータベースをそのまま属性テーブルとして掲載してある(図 1.2)。ただし，今回地すべり地形をトレースしたこと

第1章 DVDの内容とGISの作成法　3

第1章の図表類

```
DVD-ROM
  ├─¥                        ……ファイルリスト，インストール&使用法マニュアル
  ├─¥DATA
  │    └─¥地すべり分布図    ……地すべり地形シェープファイル(ポリゴン，ライン)  ……(1)
  │    └─¥地すべり指定地    ……地すべり指定地シェープファイル(ポイント)      ……(2)
  ├─¥PDF                    ……5万分の1図郭毎の地すべり分布図PDFファイル    ……(3)
  ├─¥Software
       └─¥published_data     ……ArcReader用に加工された閲覧専用データファイル ……(4)
```

図1.1　DVDフォルダ構成

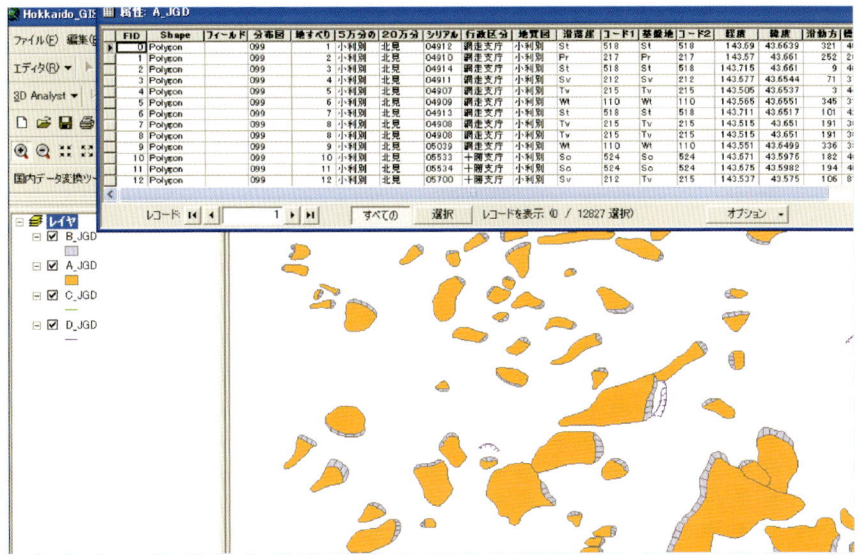

図1.2　本DVDの北海道の地すべり地形分布図の例

により GIS にて面積計算をやり直したものを[面積2]フィールドに追加した。それぞれの地すべり地形分布図は5万分の1地形図の図郭ごとに作成してあり，その図郭内において番号が付与されデータベースに対応しているが，隣接する図郭にまたがる地すべり地形の調整は行っていない。

なお，属性テーブルで用いられている単位は緯度・経度(十進度)，滑動方向(時計回りの角度)，長さ・標高・幅(m)，面積(m^2)となっている。

1.2 北海道の地すべり指定地(ベクターデータ；1996年以降のデータを追加)

このデータは，『北海道の地すべり地形データベース』(山岸ほか，1997)に収録されている地すべり指定地のデータに，1996年以降に追加されたものを加えて最新の状態に更新した。地すべり指定地はかならずしも地すべり地形のなかにないものもあるため，地すべり地形の属性テーブルに含まれないものも存在するので，独立に指定地の中心点をポイントデータとして扱ってある。追加されたデータの位置座標は，同じ地すべり指定地番号のものを使用した。

1.3 5万分の1北海道の地すべり地形分布図(島嶼部を分離し，計269枚)のラスターデータ

これらのマップは，上記のベクターデータの背景に国土地理院発行の数値地図5万ラスターを加えて pdf にして供給するものである(図1.3)。

5万分の1地形図の等高線と合わせて表示することで，地すべり地形の形状や分布の詳細を読み解くことができる。pdf ファイルはA2サイズで出力すれば，5万分の1の縮尺となるように調整してある。後述する GIS ソフトウェアが使えない環境にある場合などでも利用できるように，pdf ファイルを収録した。

1.4 ArcReader 用データファイル

後述する GIS ソフトウェア ArcReader で読み込むことのできる閲覧専用のデータである(図1.4)。全道を1つのデータとして閲覧することができ，また，検索機能を用いて目的の地すべり地形を抽出しすばやくアクセスすることができる。

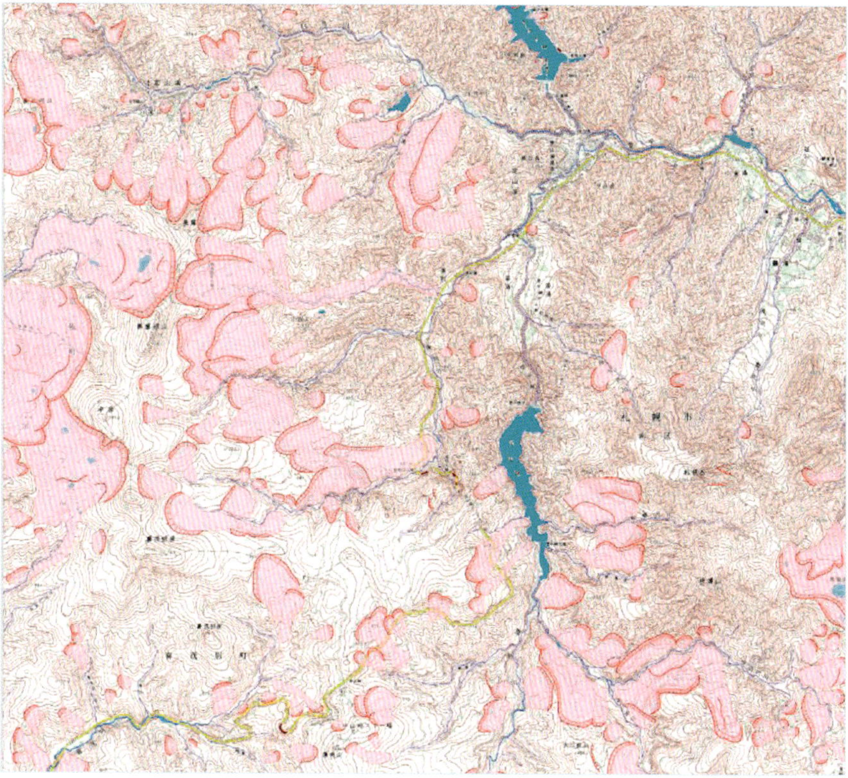

第 1 章　DVD の内容と GIS の作成法　5

図 1.3　5 万分の 1 地すべり地形分布図の例「定山渓」

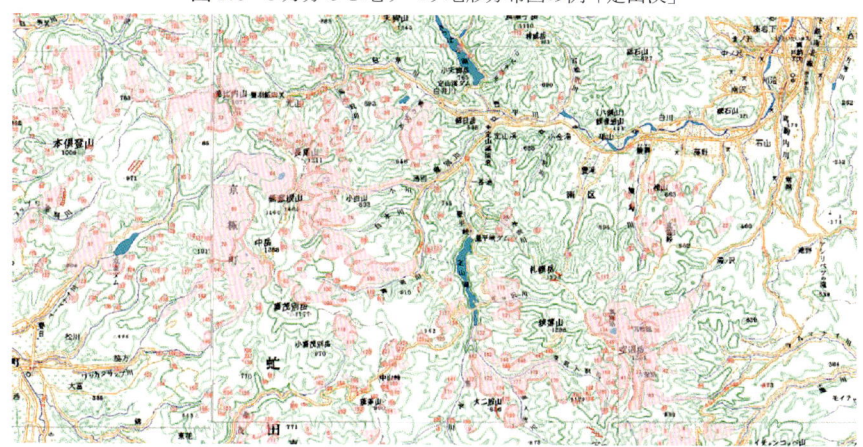

図 1.4　ArcReader による 20 万分の 1 地すべり地形分布図

2. 地図ビューアーソフト ArcReader の使い方

2.1 概　要
ArcReader は，ESRI 社の GIS ソフトである ArcGIS シリーズにおいて，無償で配布されている地図ビューアーソフトにあたる。無償でありながら，ArcGIS デスクトップ製品と同様な操作性で，地図の表示，検索，印刷などの GIS 機能を使用することができる。

2.2 動作環境
ArcReader9.3.1 on Windows の動作環境は以下の通りである。
 ① Windows 2000 Professional SP4
 ② Windows Server 2003 SP1 以上(64 ビットプロセッサのサポート)
 ③ Windows Server 2008 Server Standard, Enterprise & Datacenter

2.2.1 オペレーティングシステム
(64 ビットプロセッサのサポート)
 ① Windows XP Professional Edition, Home Edition SP1 以上
 ② Windows Vista Ultimate, Enterprise, Business, Home Premium SP1，SP2(64 ビットプロセッサのサポート)
 ③ Windows 7 Ultimate, Professional, Home Premium

2.2.2 プロセッサ
Intel Core Duo, Intel Pentium, Intel Xeon

2.2.3 CPU の速度
1.6 GHz 以上。1 GB(必須)

2.2.4 メモリ / RAM
2 GB 以上(推奨)

2.3 注　　意

① Internet Explorer 6.0 以上のインストールが必要である。IE 6.0 以上がインストールされていない場合は，ArcReader をインストールする前に IE 6.0 以上をインストールする。

② ArcGIS 9.3.1 で記述された．NET ベースの app を実行したり，メタデータ ツールセットを使用する場合は，NET Framework 2.0 のインストールが必要である。

③ NTFS(New Technology File System)ドライブ上へのインストールを強く推奨する。

④ GIS ソフトウェア ArcGIS 10(現行バージョン)がインストールされている環境では，本 DVD 付属の ArcReader 9.3.1 ではなく ESRI ジャパンのサイトから ArcReader 10 をダウンロードしてインストールする。

2.4 ArcReader の主な機能
2.4.1 標準機能
① 画面移動と拡大／縮小
② 空間ブックマーク
③ 全画面モード
④ 地名検索機能

2.4.2 制限つき機能
① 個別属性表示
② 検索機能
③ ハイパーリンク
④ マップの印刷
⑤ レイヤの表示設定の変更
⑥ 計測機能(長さ，面積)

2.4.3 注　意

① 制限つき機能は，Publisher エクステンションにより機能を制限できるため，pmf ファイルによって使用できない場合がある。制限されている機能をメッセージとして表示することもできる。

② ArcReader は表示，閲覧専用アプリケーションである。データの編集，シンボルやラベルの表示変更はできない。

2.5　ソフトウェアのインストール

WindowsXP マシンに ArcReader およびデータをインストールする手順について説明する。以下に説明する操作は，管理者権限（Administrator）のあるユーザーで行う。ここでのマシン構成は，C ドライブがハードディスク，D ドライブが DVD-ROM ドライブという構成で説明しているが，自分のマシン構成に合わせて適宜置き換えて読んでほしい。

2.5.1　インストールパッケージの解凍

DVD のなかに収録されている ArcReader のソフトウェアインストーラと日本語化パッチをハードディスクに解凍する。まず，インストーラを解凍する。エクスプローラで，DVD-ROM 内の software フォルダにある arcreader931.zip ファイルをダブルクリックする。

第1章 DVDの内容とGISの作成法　9

［ファイルをすべて展開］をクリックする。

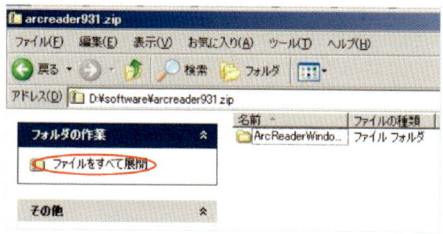

圧縮フォルダの展開ウィザードが表示されるので，［次へ］をクリックする。

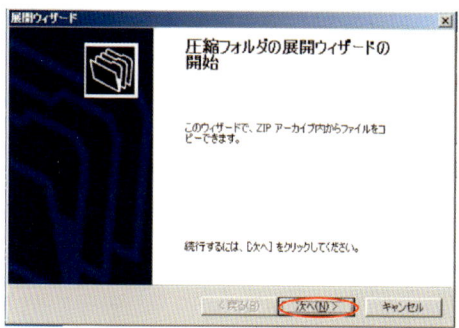

　展開先を入力して，［次へ］をクリックする。ここではC:¥tempフォルダに展開することにする。

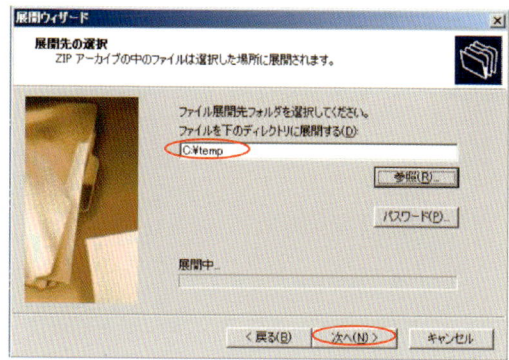

10

　ファイルが展開され，完了画面が表示される。[展開されたファイルを表示する]にチェックを入れ，[完了]ボタンを押してファイルが展開されていることを確認する。

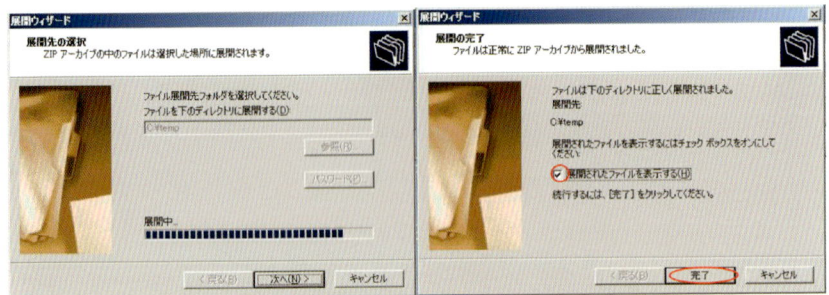

　インストーラの圧縮ファイルが展開された。同様に，日本語化パッチファイル(arcreader931_J.zip)もハードディスクドライブに解凍する。

2.5.2 ArcReader のインストール

先ほど展開したインストールパッケージのセットアップを実行する。ここでは，C:¥temp¥ArcReaderWindows931¥setup.exe をダブルクリックする。

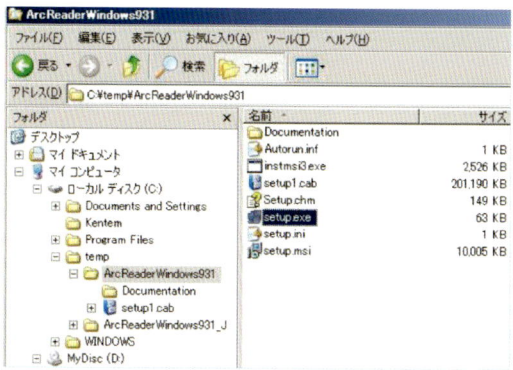

インストーラが起動する。インストーラは英語でダイアログが表示される。[Next]ボタンを押す。

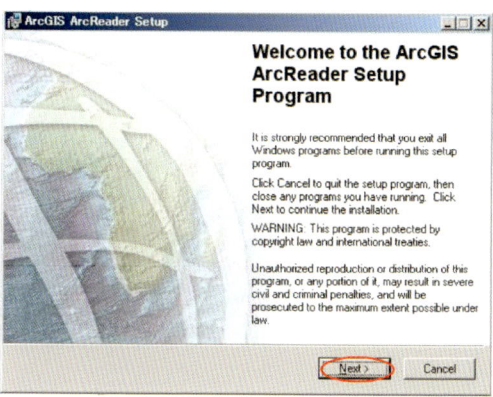

ライセンス同意画面が表示される。ライセンス条項を読み，［I accept ...］チェックボックスにチェックを入れ，［Next］ボタンを押す。

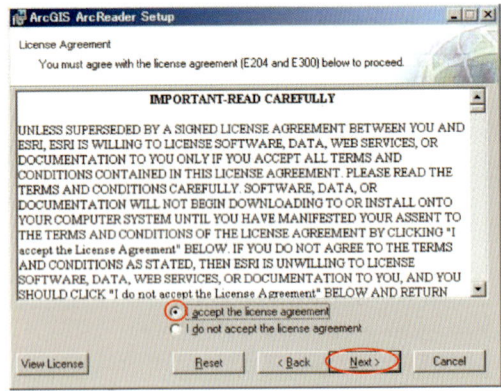

インストールタイプ選択画面が表示される。ここでは，［Complete］にチェックを入れ，［Next］ボタンを押す。

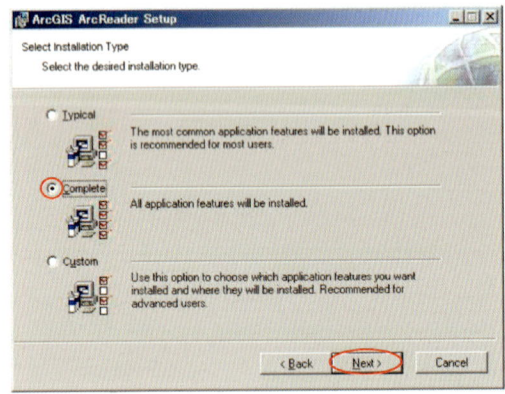

第1章 DVDの内容とGISの作成法　13

インストール先指定画面が表示される。ここでは，インストール先をデフォルトのままにして[Next]ボタンを押す。

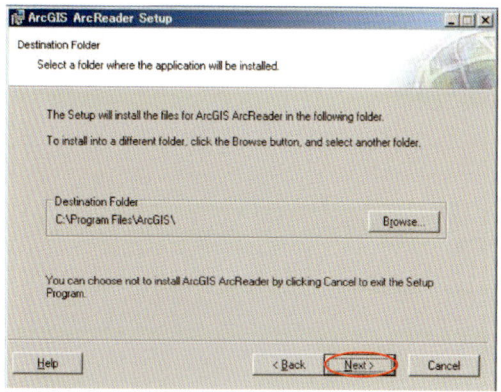

インストールの準備ができた。[Next]ボタンを押してインストールに進む。

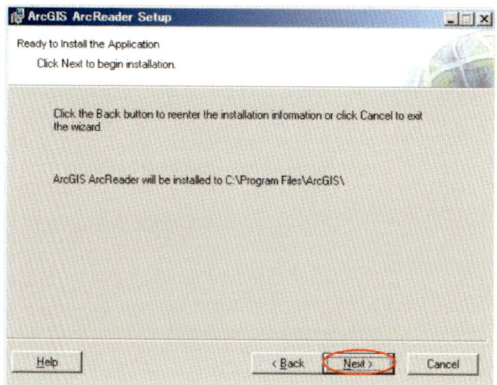

ファイルのコピーとインストールが始まる。インストール完了にはかなり長い時間がかかる。マシン環境によっては数十分かかることもある。インストール完了のダイアログが出るのを待ち[Finish]ボタンを押す。引き続き日本語化パッチのインストールに進む。

2.5.3 日本語化パッチのインストール

先ほど展開した日本語化パッケージのセットアップを実行する。ここでは，C:¥temp¥ArcReaderWindows931_J¥setup.exe をダブルクリックする。

日本語化パッチのインストーラが起動する。［次へ］ボタンを押す。

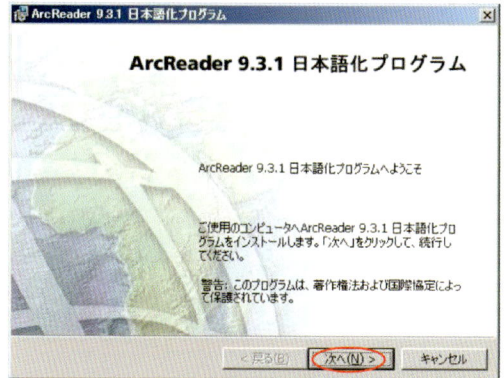

インストールコンポーネントの確認画面が表示される。デフォルトのまま［次へ］ボタンを押して進む。

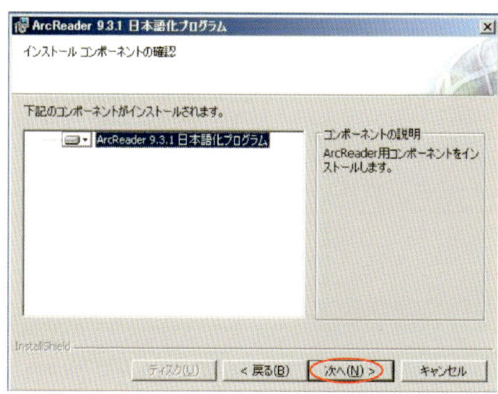

インストールの準備ができた。［インストール］ボタンを押してインストールに進む。

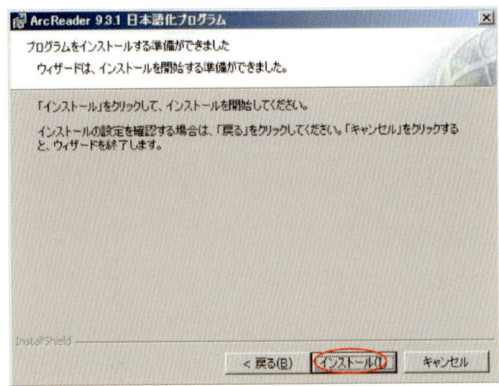

ファイルのコピーとインストールが始まる。インストール完了のダイアログが出るのを待ち［完了］ボタンを押す。

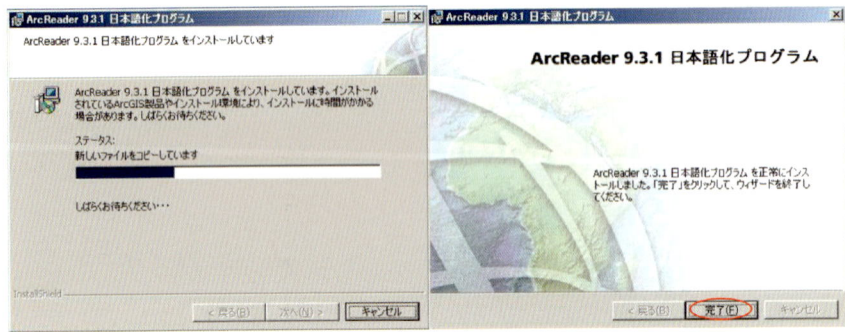

システムの再起動を促すダイアログが表示されるので，［はい］を押し再起動する。

2.5.4 地滑り分布図閲覧データのコピー

ArcReaderで閲覧できるように変換された地滑り分布図のデータをハードディスクにコピーする。DVD-ROMからの読み込みも可能だが，著しくパフォーマンスが落ちスムーズな地図表示ができないので，データはハードディスクにコピーすることを強く勧める。エクスプローラでDVD-ROM内のpublished_dataフォルダを右クリックしコピーを選択する。

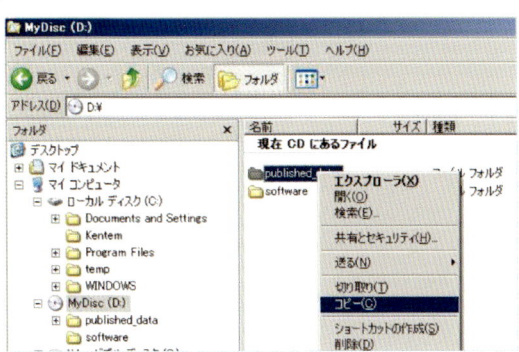

ハードディスクにコピーする。ここではC:¥tempフォルダへコピーする。C:¥tempフォルダを開き［編集］メニューの［貼り付け］を選択する。

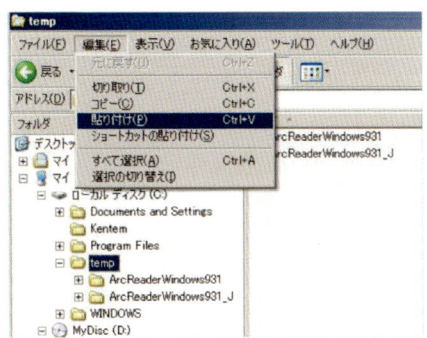

データがコピーされたことを確認する。

2.5.5 ArcReader の起動とデータの読み込み

［スタート］-［すべてのプログラム］-［ArcGIS］-［ArcReader］とメニューをたどって，ArcReader を起動する。起動中のダイアログが表示された後，ArcReader のウィンドウが表示される。

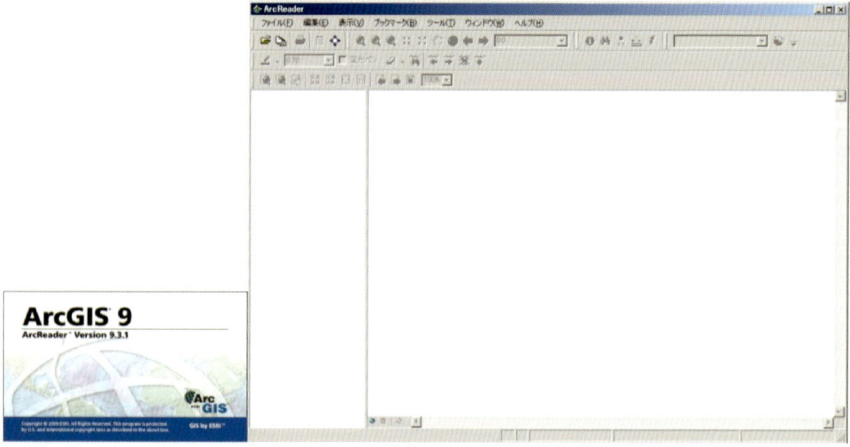

先ほどハードディスクへコピーしたデータのなかから，ArcReader 用地図ファイル(pmf)を読み込む。メニューから［ファイル］-［開く］を選択し，表示されるダイアログで地図ファイルを指定する。

ここでは，C:¥temp¥Published_data¥ArcReader¥pmf¥地すべり分布

第1章　DVDの内容とGISの作成法　19

3.pmfを指定して，[開く]ボタンを押す．

20万分の1地勢図上に重ね合わせ表示された，全道の地すべり地形が表示される．

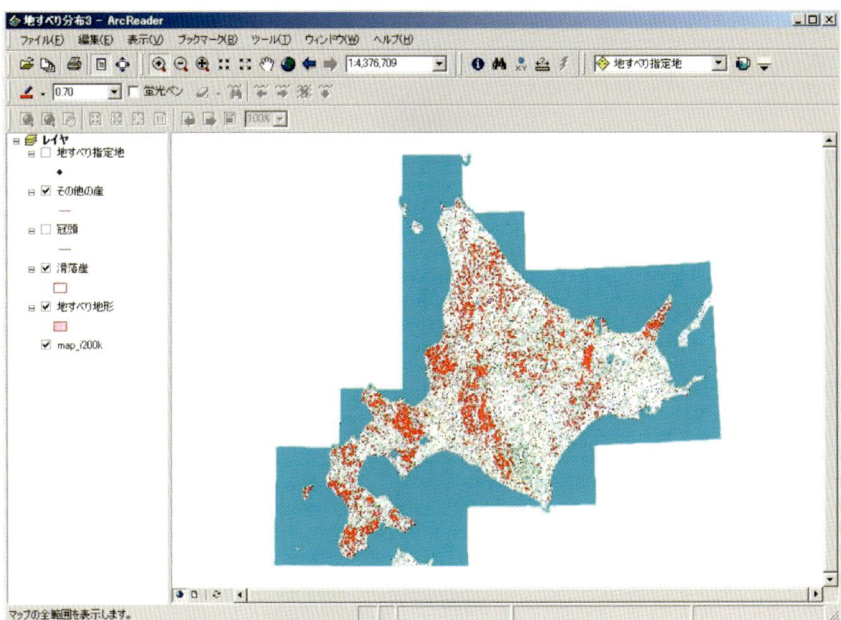

2.6 ArcReader の基本的な操作方法

ArcReader は無償ソフトウェアながら，ArcGIS デスクトップ製品と同様な直感的地図操作と GIS 機能を使うことができる。GIS での操作に慣れている方ならアイコンの図柄などから容易に地図操作が可能だと思うが，ここでは，GIS の操作になじみのない方を想定して ArcReader の基本的な操作方法を説明する。

2.6.1 画面構成

ArcReader で地すべり分布図を開いたときの画面構成は以下のとおりとなっている。

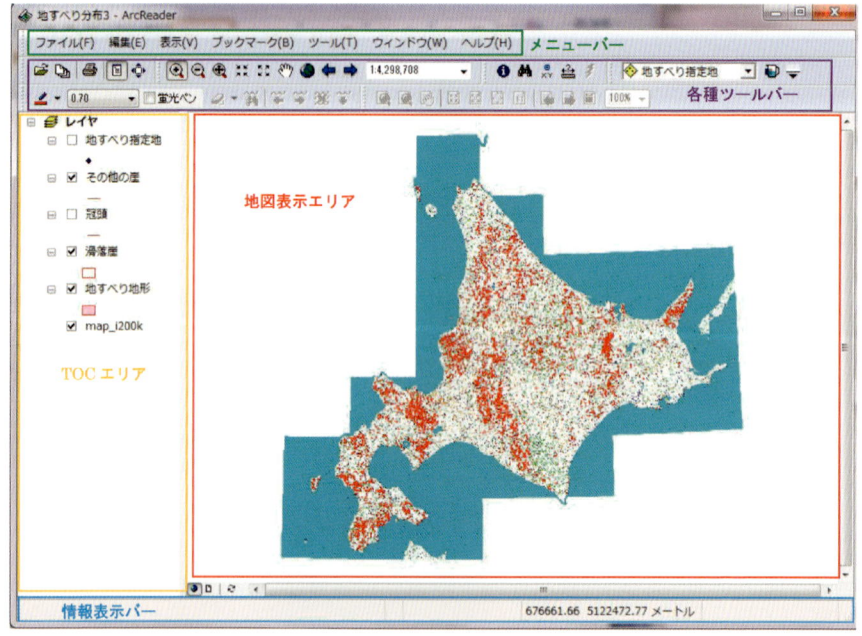

① メニューバー
　　メニューをたどることによりさまざまな操作を行う。
② 各種ツールバー
　　GIS のコマンドがグループごとにツールバーとしてまとめられて

いる。

　　基本的なコマンドについては後で説明する。
③　TOC エリア

　　各種データがレイヤとして重ね合わされている。チェックボックスをオン/オフすることで表示/非表示を切り替えることができる。
④　地図表示エリア

　　ユーザーがコマンドを実行した結果が地図として表示される。
⑤　情報表示バー

　　コマンドの簡単な説明や座標などの各種情報が表示される。

2.6.2　各種ツールバーの機能

ツールバーとして実装されている各種 GIS 機能のうち，基本的なものについて操作方法を説明する。

ファイルツールバー

地図ファイルの読み込みや印刷，画面表示の基本設定などを行うツールバーである。

- 開く
    ArcReader 用地図ファイルを開く。
- 最近使用したファイル
    最近使用した地図ファイルを開く。
- 印刷
    後で説明するレイアウトツールバーの設定に従った地図を印刷する。
- TOC の切り替え
    TOC エリアの表示/非表示を切り替える。
- 全画面表示
    ArcReader ウインドウを全画面表示する。

ナビゲーションツールバー ⊕ ⊖ ⊕ ⊕ ⊕ ⊕ ⊕ ⊕ 1:2,717,821 ▼

地図の拡大縮小，移動，縮尺変更の作業を行う。

⊕ 拡大
　クリックまたはドラッグして地図を拡大表示する。
⊖ 縮小
　クリックまたはドラッグして地図を縮小表示する。
⊕ 連続ズーム / 画面移動
　左ドラッグで拡大縮小表示，右ドラッグで画面移動を行う。
⊕ 定率拡大
　クリックすると25％地図が拡大表示される。
⊕ 定率縮小
　クリックすると25％地図が縮小表示される。
⊕ 画面移動
　ドラッグで画面移動を行う。
⊕ 全体表示
　全道が地図描画エリアに入るように全体表示する。
⊕ 戻す
　1つ前の表示に戻す。
⊕ 進む
　1つ先の表示に進める。
1:2,717,821 ▼ ズームコントロール
　リストから縮尺を選択するか，ボックスに数値を入力することにより地図縮尺を変更する。

データツールバー ⊕ ⊕ ⊕ ⊕ ⊕

属性情報の表示や検索，座標移動，計測を行う。

⊕ 個別属性表示
　情報を見たい地すべり地形をクリックすることで，その属性情報を表示

させることができる。

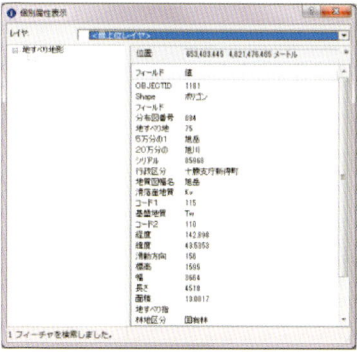

属性表示した例

検索

　属性情報のなかから特定の文字列を含むレコードを検索することができる。

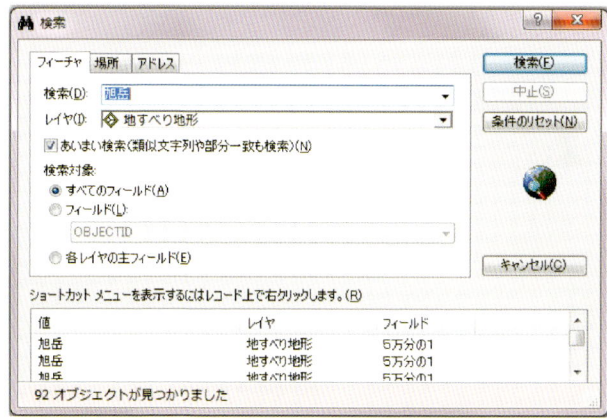

属性検索した例

24

 XY へ移動

座標を入力することで，その位置を中心とした地図に切り替わる。

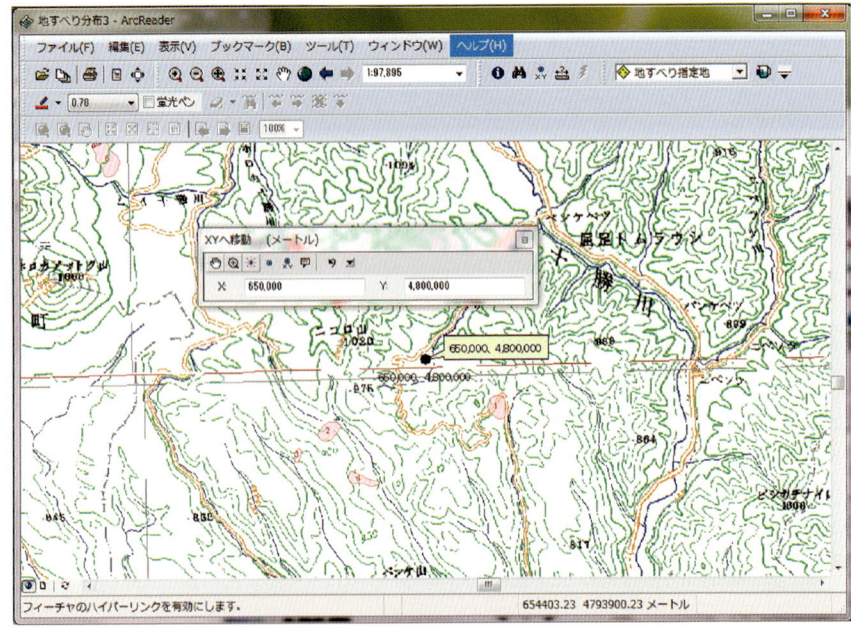

座標入力した例

計測

図形を順にクリックすることで距離または面積を計測することができる。

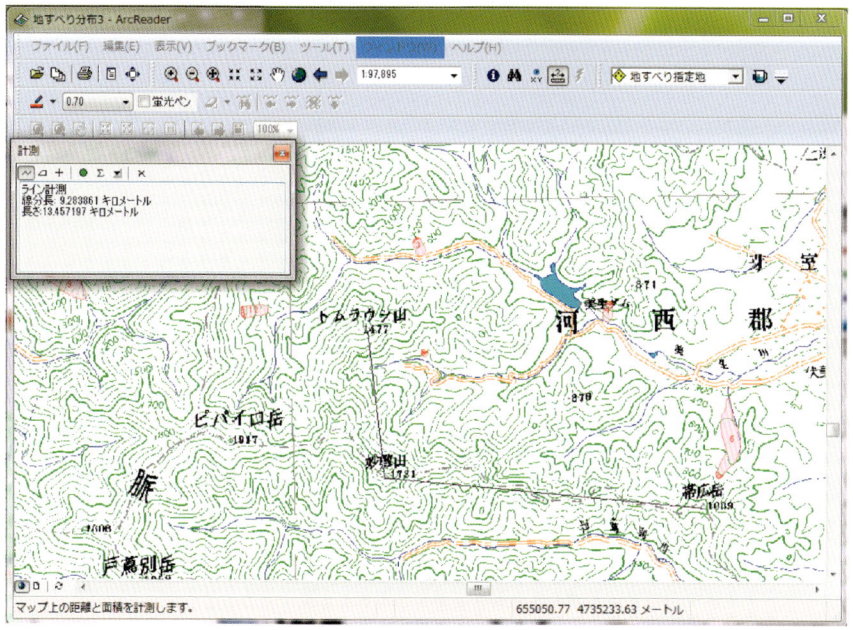

距離計測した例

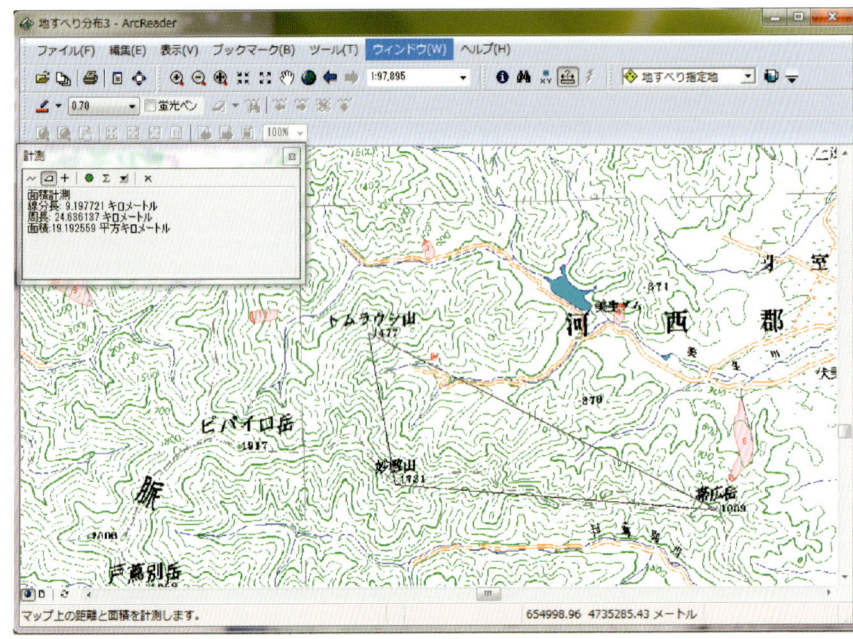

面積計測した例

効果ツールバー
選択レイヤの透過度の設定とスワイプ表示が行えます。

透過表示
選択レイヤの透過度を設定できる。

透過度を設定した例

第1章　DVDの内容とGISの作成法　27

▽ スワイプレイヤ

　ドラッグすることにより，選択レイヤの下に隠れている地図を表示することができる。

マークアップツール

線の色と太さを選択して，地図上に図形を書き込むことができる。

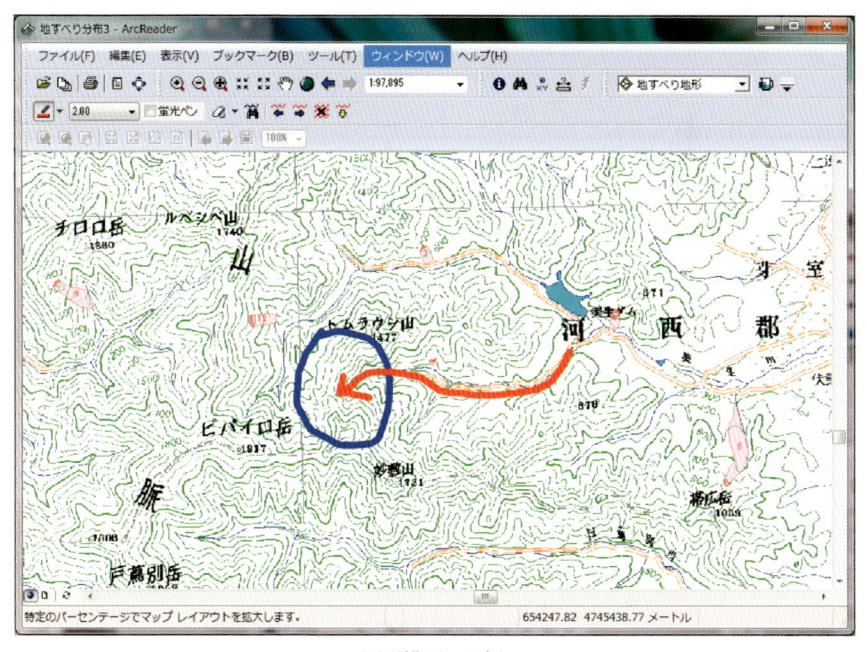

図形描画した例

レイアウトツールバー

印刷図面のレイアウト設定を行う。レイアウトツールバーを有効にするには，地図描画エリア左下隅にあるレイアウトビューをオンにする必要がある。

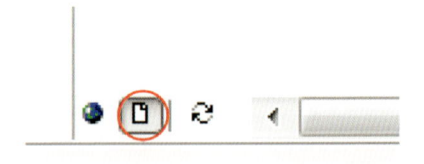

すると，地図描画エリアが印刷レイアウトビューモードに切り替わる。

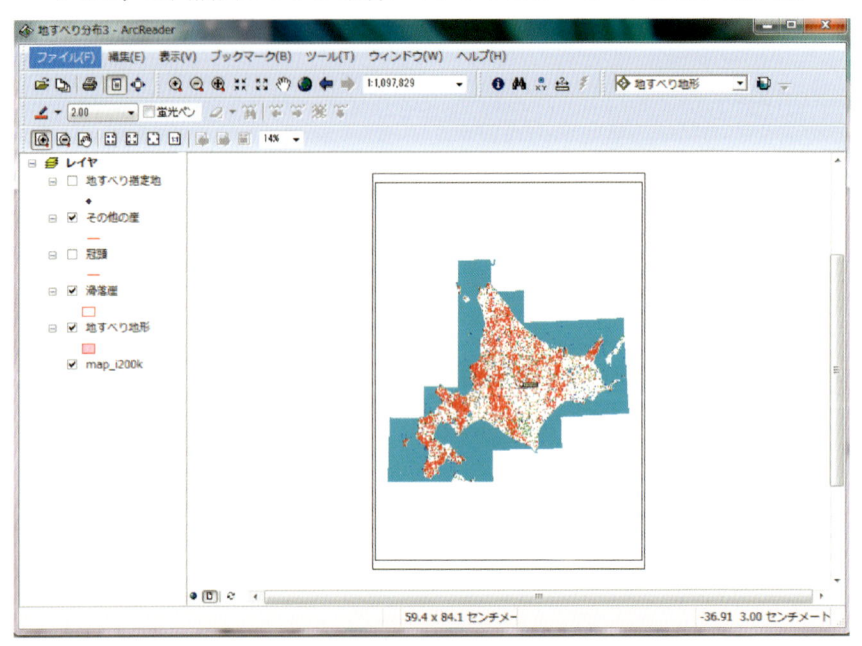

印刷レイアウトビュー

以下のツールを用いてレイアウト設定を行った後，印刷ボタン 🖨 を押すことでレイアウトにそった地図の印刷を行うことができる。

🔍 拡大
　クリックまたはドラッグして地図を拡大表示する。
🔍 縮小
　クリックまたはドラッグして地図を縮小表示する。
✋ 画面移動
　ドラッグで画面移動を行う。
⊞ 定率拡大
　クリックすると 25% 地図が拡大表示される。
⊠ 定率縮小
　クリックすると 25% 地図が縮小表示される。
⛶ 全体表示
　全道が地図描画エリアに入るように全体表示する。
🔳 拡大率 100%
　拡大率を等倍にする。
`14%` ▼　ズームコントロール
　リストから縮尺を選択するか，ボックスに数値を入力することにより地図縮尺を変更する。

第2章　北海道の地すべり地形分布と地質・地形との関連

1. 使用データ
2. 「北海道の地すべり地形分布図」のGISによる統計処理
3. 「北海道の地すべり地形デジタルマップ」と地質・地形との関連についてのGIS解析例
4. 「北海道の地すべり地形デジタルマップ」と国土数値情報との関連についてのGIS解析例
5. 北海道の地すべり地形のベクター解析法
6. 北海道の地すべり地形のラスター解析法

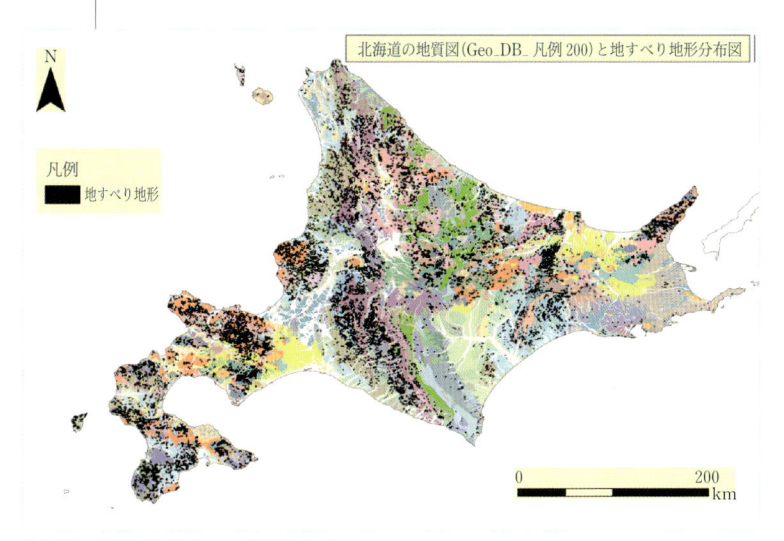

北海道の地質図と地すべり地形分布図

産業技術総合研究所地質調査総合センターから20万分の1シームレス地質図(Geo_DB)がダウンロードできるようになった。本章では，『北海道の地すべり地形』と『北海道の地すべり地形データベース』をGIS化し，Geo_DBの地質図や国土数値情報を活用して，地すべり地形との関連についてのGIS解析例を紹介する。

最近の地図表現技術は，従来のハードコピーのものだけでなく，インターネットで発信されるさまざまな数値地図の発展が目覚しい．こうしたことを背景として，斜面災害研究にも世界的に広くGIS技術が使われるようになり，特に地震や豪雨による同時多発的に発生する斜面災害の解析(山岸ほか，2008；岩橋ほか，2007)や，統計手法も活用したハザードマップに関する研究も多くなってきた(Ayalew and Yamagishi, 2005)．

　筆者らは1985年ころまで北海道の地すべり地形分布図の作成に取り組み，1993年にはそれまでの地すべり学会北海道支部での活動を引き継いで，北海道大学出版会(当時の北海道大学図書刊行会)から，5万分の1地形図にプロットした地すべり地形分布図を発行した(山岸，1993；Yamagishi et al., 2002)．その一部について，あたかも航空機で鳥瞰するようにGISで三次元表現した手法も紹介した(山岸・志村，2000)．その後，合計12,827箇所の地すべり地形の個々についての標高，最高点，最低点，およその面積，地質(すべてではないが記号で表現)などのデータベースを出版した(山岸ほか，1996)．

　これらをもとに，本書付録DVDに収納したGISデータとしての「北海道の地すべり地形デジタルマップ」を作成した．

　また，最近では，産業技術総合研究所(産総研)地質調査総合センターから20万分の1シームレス地質図(Geo_DB)や国土数値情報などの関連するデジタルデータがダウンロードできるようになった．そこで，本文ではこれらのデータを活用して，北海道の地すべり地形分布図との関連性についてのGIS解析例を紹介する．

1. 使用データ

本文で使ったデータは以下のものである．
① 　山岸宏光(1993)．北海道の地すべり地形．北海道大学図書刊行会，392 pp.
② 　山岸宏光・川村信人・伊藤陽司・堀俊和・福岡浩編(1997)．北海道の地すべり地形データベース(+CD-ROM)．北海道大学図書刊行会，350 pp.
③ 　産総研地質調査総合センターシームレス地質図データベース Geo_DB

http://riodb02.ibase.aist.go.jp/db084/
④　国土地理院(2001)．数値地図50 mメッシュ(標高)，日本-Ⅰ，CD版．

2.「北海道の地すべり地形分布図」のGISによる統計処理

　北海道の地すべり地形分布図(図2.1)では，合計12,827箇所(地すべり地形の移動体の数)が認定されている(山岸ほか，1996)．

　図2.1では，すべての地すべり地形(ポリゴン)が示され，これらの地すべり地形の個々の属性も山岸ほか(1996)をもとに表現されている(付録のDVDを参照)．

　産総研地質調査総合センターによるシームレス地質図データベース(Geo_DB)(20万分の1)には2つの凡例(基本の凡例200と詳細400)があるが，本書のGIS解析では，200(図2.1)をさらに17に簡略化したものを使用した(図2.11，図2.12)．

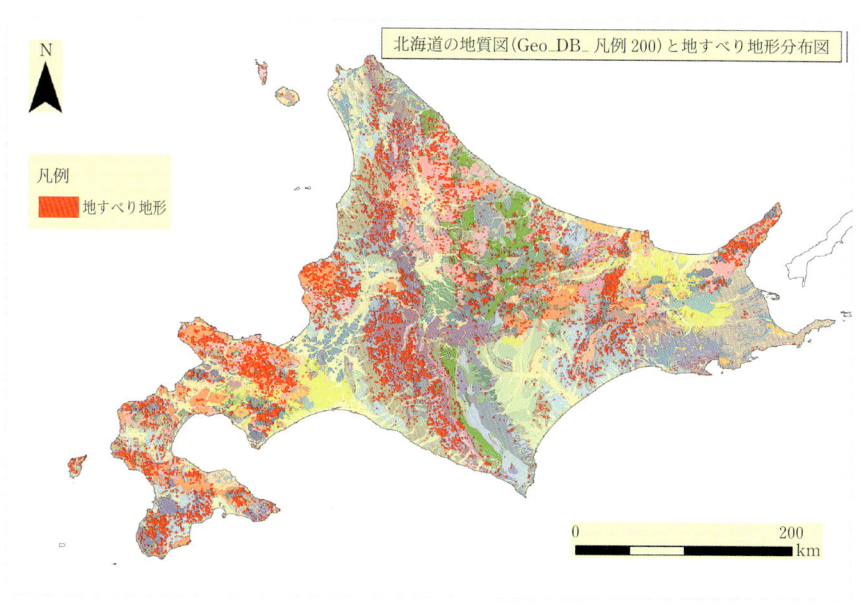

図2.1　北海道の地質図(Geo_DB)と地すべり地形分布図(山岸，1993)

2.1 地すべり地形の主な分布域の地形・地質の特徴
2.1.1 北海道北部

　北海道全体の地形は図2.2に示すように，日高山脈や大雪山を中心とする高地とそれをとりまく山地・丘陵と平野からなる。

　Geo_DBによる地質図(凡例17)と，地すべり分布を重ねると，北海道北部では地すべり地形は白亜紀堆積岩，蛇紋岩，新生代火山岩などの岩相と関連が強いことを示している(図2.3)。また，北海道北東部では，オレンジ色の火山岩(溶岩などの火山岩類)の縁辺部と新第三紀堆積岩に地すべり地形が多いことがわかる(図2.4)。つまりキャップロック構造のようである。

2.1.2 北海道西南部
道南北部

　北海道西南部の北部の積丹半島から札幌西部山地，後志山地は，新第三紀から第四紀にかけての火山岩が広く分布し，地すべり地形はこれらの地域に多く分布する。特に，積丹半島中央部，札幌西部山地，室蘭北東部，ニセコ山系，寿都半島南部地域には，やや集中して地すべり地形が分布する。なかでも，地すべり地形が集中するのは札幌西部山地(図2.5)で，特に定山渓地

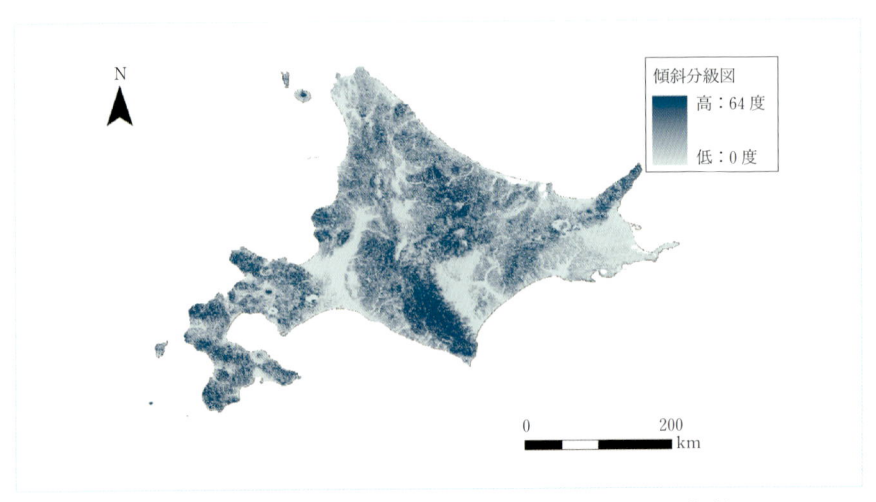

図2.2　北海道の傾斜分級図(国土地理院の50m_DEMから作成)

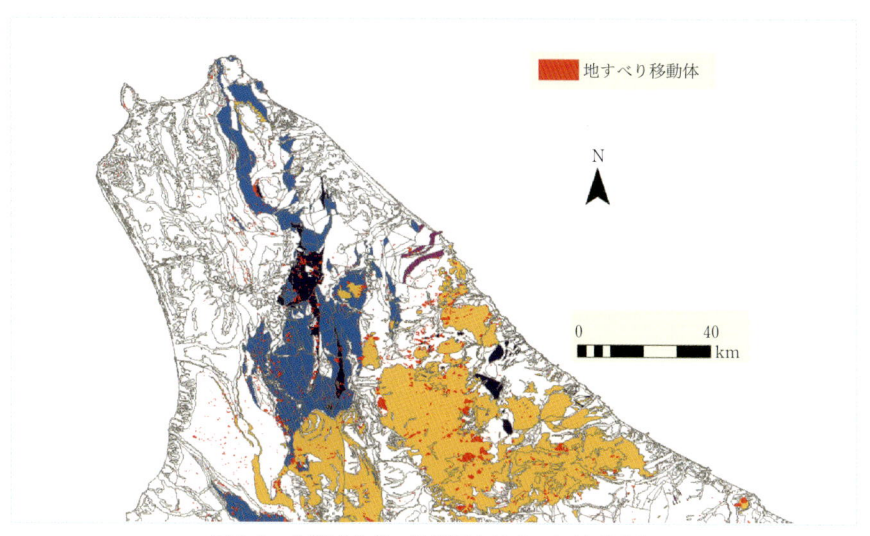

第 2 章　北海道の地すべり地形分布と地質・地形との関連　　35

図 2.3　北海道北部の地質図と地すべり地形分布

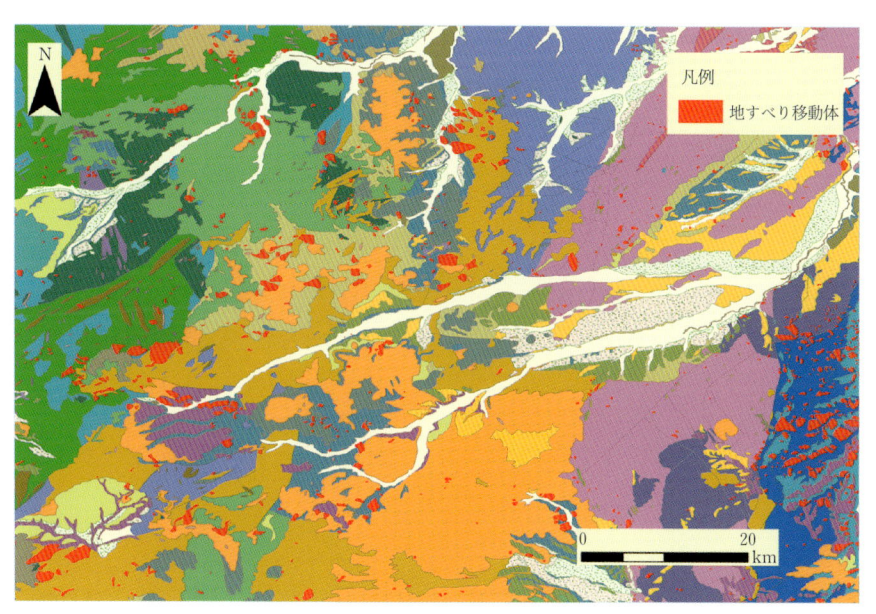

図 2.4　北海道北東部(北見付近)の地質図と地すべり地形分布

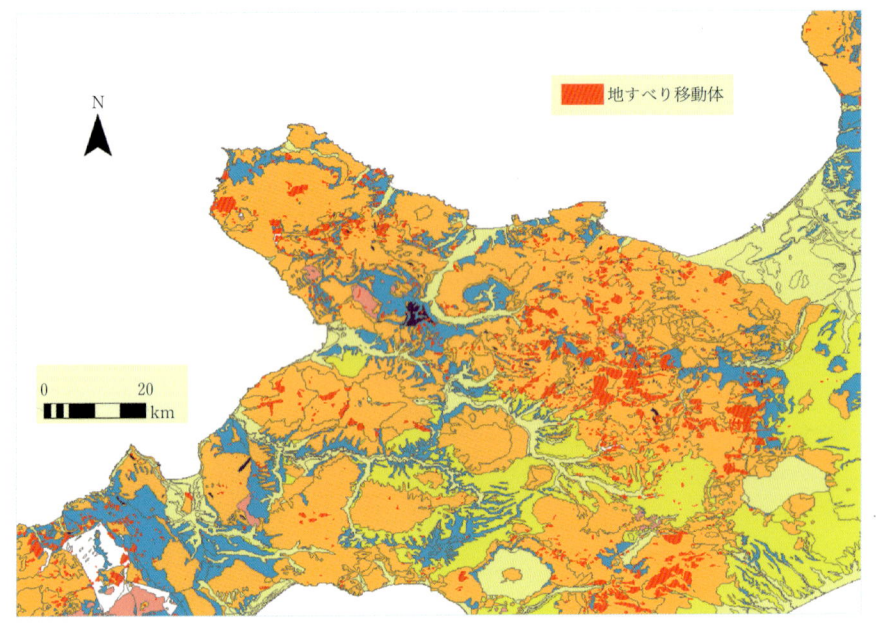

図2.5 積丹半島の地質図と地すべり分布図

域で著しく，5万分の1地形図「定山渓」には合計201箇所存在している。

道南南部

道南南部の渡島半島については，新第三紀の堆積岩(図2.6 A)，火山岩(図2.6 B)および深成岩(図2.6 C)の分布図と地すべり地形分布を概観すると，北部では火山岩と関連し，南部では堆積岩との関係が大きいように見えるが，花こう岩など深成岩とはあまり関係がないことがわかる。

北海道中央南部

20万分の1地勢図の「夕張岳」・「浦河」・「帯広」・「広尾」の範囲にあたる地域である。図2.7は北海道中央部から南部にかけての地すべり分布図をKMZ fileに変換してGoogle Earthに載せて三次元的に表現したものである。これによると，神居古潭帯の緑色岩や蛇紋岩帯，夕張周辺の古第三紀層に集中している。

第 2 章　北海道の地すべり地形分布と地質・地形との関連　　37

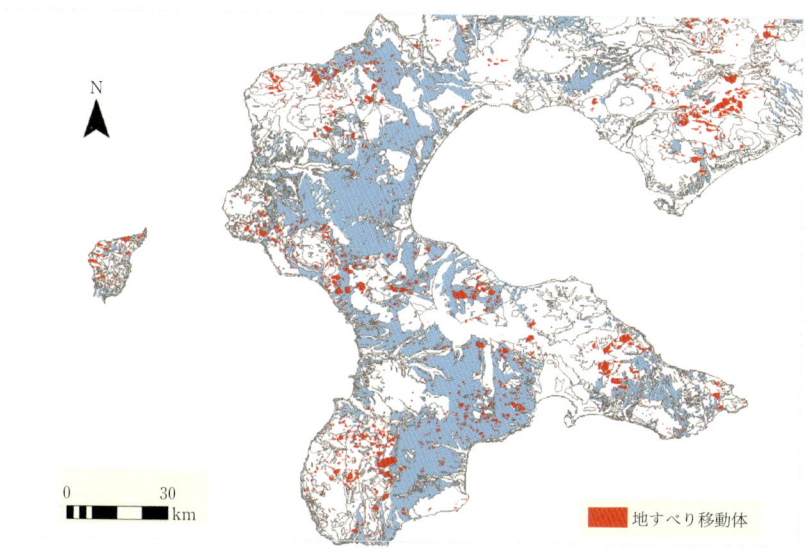

図 2.6 A　渡島半島の新第三紀堆積岩(青色)の分布と地すべり地形分布

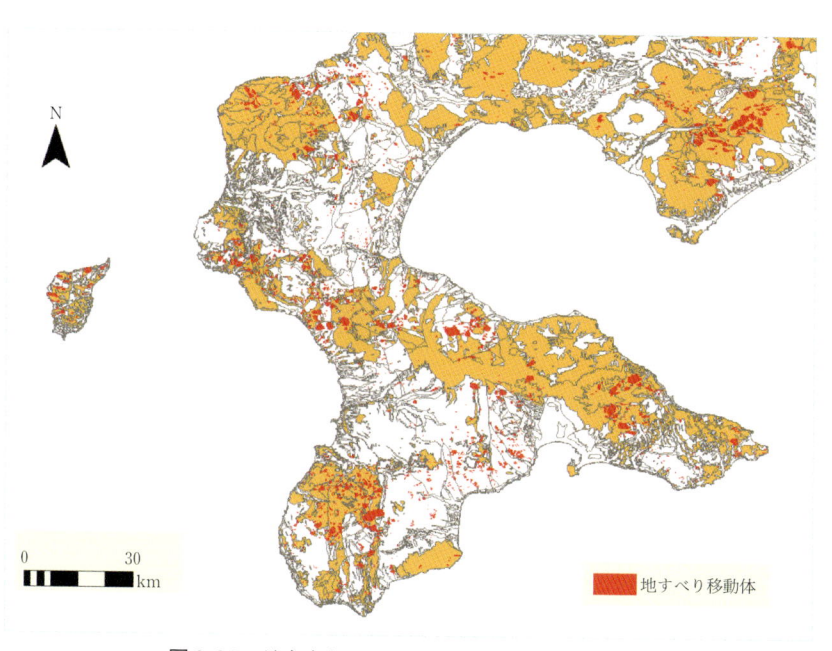

図 2.6 B　渡島半島の火山岩分布と地すべり地形分布

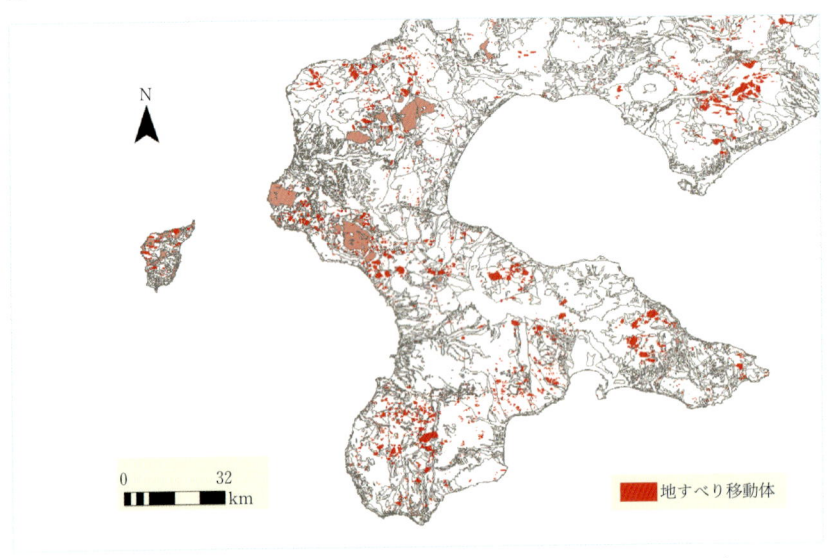

図2.6C 渡島半島の深成岩(花こう岩など)の分布と地すべり地形分布

北海道東部

北海道東部では，上支湧別構造線と網走構造線に囲まれた北見地域の火山岩地帯と知床半島から摩周-阿寒の火山地帯との間に高まりがあり，これらの2つの帯に地すべり地形が分布する。この地域の地すべり地形分布と地質との関連を見ると(図2.8)，地すべり地形，特に大規模な地すべり地形は火山岩地域に集中している。

一方，堆積岩地帯の砂岩や泥岩地帯に小規模のものが多少見られる。

2.2 北海道の地すべり地形データベースの GIS 解析

図2.1に示した『北海道の地すべり地形』(1993年発行；12,827箇所)の個々の地すべりの属性は，山岸ほか(1997)による『北海道の地すべり地形データベース』(EXCELファイル)に格納されている。それらはArcMap上でその属性データとして開き，種々の属性検索や空間検索を行うことができる(図2.9)。

以下にいくつかの例を報告する(山岸ほか(1997)，山岸(2008)や本書付録のDVD

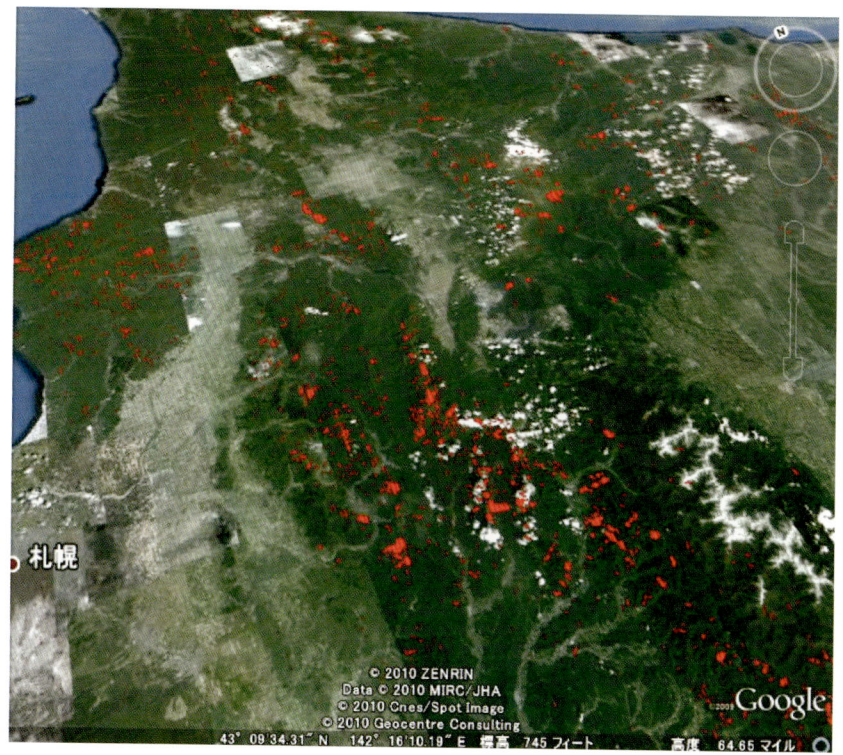

図 2.7 北海道中央部地域の地すべり地形分布図(赤)を Google Earth に載せたもの

を参照)。

2.2.1 森林区分

北海道の森林区分のおもなものは，国有林，道有林，大学演習林である。国有林に存在する地すべり地形は 6,568 箇所で，全体の大半を占め，道有林が 1,774 箇所，演習林が 193 箇所となる(1996 年現在)。

2.2.2 地すべり地形の長さ

地すべり地形の長さで見ると，長さ 500 m 以下が 8,193 箇所で全体の半分を占め，1,000 m 以上が 1,171 箇所である。また，長さの最短は 166 m，

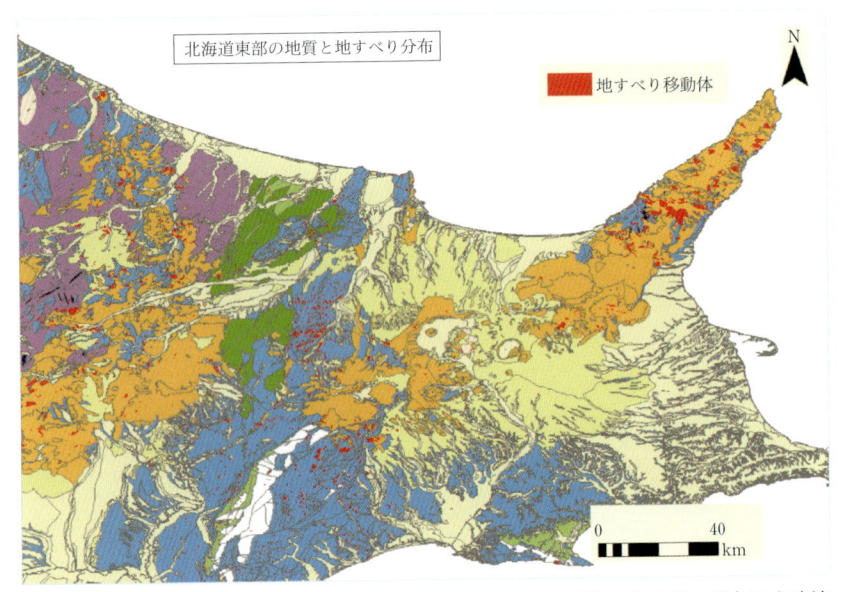

図2.8 北海道東部の地質図と地すべり地形分布図。オレンジ色は火山岩，黄色は火砕流堆積物，青色は泥岩，緑色は付加体を示す。地すべり地形は赤色で示す。

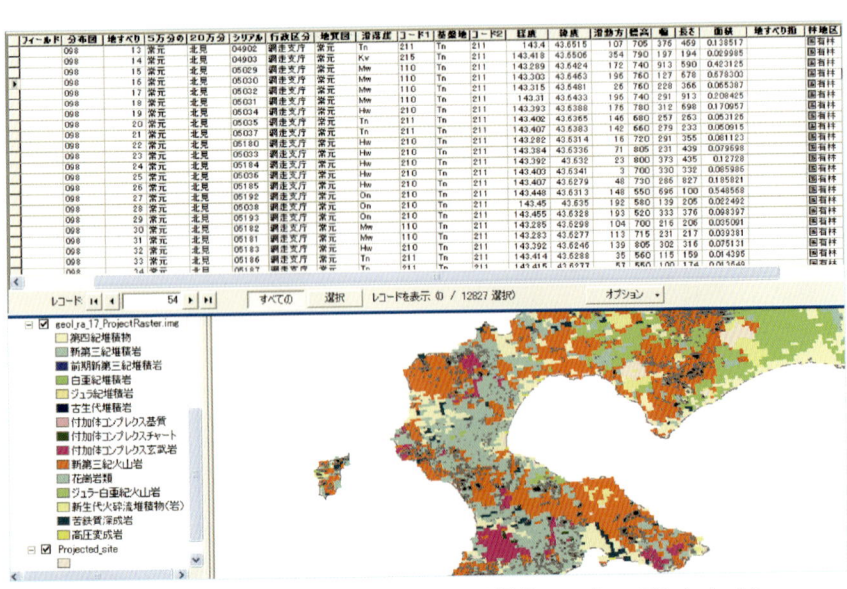

図2.9 北海道の地すべり地形データベースを属性テーブルに示したArcMap

最長は 7,308 m，平均は 514 m となった．

2.2.3　地すべり地形の幅

地すべり地形の幅を見ると，長さ 500 m 以下が 10,265 箇所で全体の 80% を占め，500 m 以上は 2,575 箇所にすぎない．最小幅は 179 m，最大幅は 4,074 m，平均幅は，389 m である．

2.2.4　地すべり地形最高点

『北海道の地すべり地形データベース』(山岸ほか，1997)では，それぞれの地すべり地形の滑落崖の最高点をそれぞれの地すべり地形の最高点としている．標高 1,000 m 以上が 597 箇所，500 m 以下が 8,972 箇所で，そのうち 100 m 以下が 599 個である．

2.2.5　地すべり地形の滑動方向の分布

『北海道の地すべり地形データベース』(山岸ほか，1997)では，滑落崖に直交する方向で下流側に動いたと推定される方向を，滑動方向として北ゼロ度から時計回りの角度で示している．空間検索で 180° より小さいもの(東側向き)は 6,681 箇所，180° より大きいもの(西側向き)は 6,146 箇所であり，東向きのものがやや多い傾向がある．滑動方向の平均は 169° で，平均値から見ても東側に滑動しているものが多い．

2.2.6　地すべり地形総面積の再計算

『北海道の地すべり地形データベース』(山岸ほか，1997)では，地すべり地形の面積を，それぞれの幅と長さを計測して，それらから楕円にみなして計算しており，総面積は 33,066.82 km² となっている．今回 GIS 上で再計算すると，総面積は 25,048.66 km² となった．ある地域を無作為に抽出して，GIS と楕円とで計算した各々の地すべり地形の面積を比較すると，大きく出るものと小さく出るものがあるが個々に見るとあまり差がないように見える．しかし総面積にすると GIS では実形で計算するのでより正確であり，楕円形で計算するよりも小さく出ている．

2.2.7 地すべり指定地との関連

　地すべり指定地は，写真判読による地すべり地形とは必ずしも一致しないが，GIS によって，『北海道の地すべり地形データベース』から検討すると，1993 年現在の総数 232 箇所(2010 年度現在では 253 箇所に増えている：図 2.10)のなかで，地すべり地形に含まれるものは 116 箇所で，関連のないものは同数の 116 箇所であった。

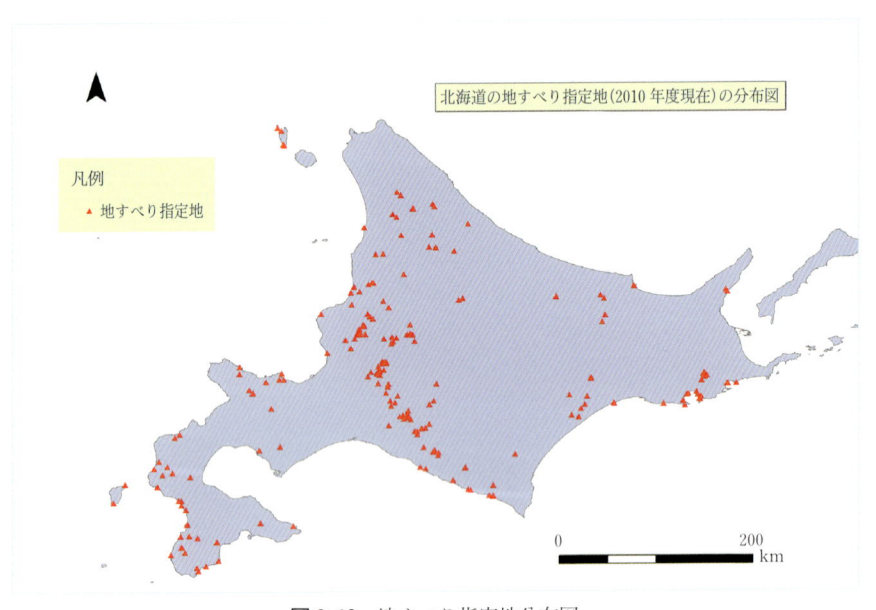

図 2.10　地すべり指定地分布図

3.「北海道の地すべり地形デジタルマップ」と地質・地形との関連についての GIS 解析例

　この解析にはいくつかの方法がある。いずれの方法でも，地すべり地形分布図(ベクターデータ)と北海道地質図(Geo_DB の 17 凡例に再分類したベクターデータ)を使って解析した。ただし，地質凡例を 17 に区分すると，北海道では，

三畳紀堆積岩(6)と古生代堆積岩(7)は現れない(図2.11，表2.1)．解析には，ベクター解析とラスター解析ができる．

ベクター解析の場合には，地すべり地形の属性テーブルから面積を計算し，17に再分類した地質図のそれぞれの地質岩相Unitごとの地すべりの総面積(図2.12)と地すべりの占める割合(面積率:図2.13)をそれぞれ比較した．総面積で見ると，新第三紀火山岩についで新第三紀堆積岩が飛びぬけて大きい(図2.12)が，面積率で見るとかなりばらつきがあり，付加体玄武岩やジュラ紀堆積岩(どちらも緑色岩らしい)，苦鉄質深成岩(蛇紋岩など)がやや大きい値を示す(図2.13)．また，高圧変成岩に地すべり面積率が高くなるのは，板状あるいは片状の千枚岩などが多いためであろう．これは地すべりの密集度の高い地質岩相つまり，地すべりの発生しやすい地質を意味する．

また，地すべり移動体の中心点(ポイント)の数と地すべり滑落崖(ポリライン)の中心点(ポイント)の数をそれぞれ地質岩相と対応させると図2.14のようになり，図2.12と傾向は類似しているが，逆に新第三紀堆積岩の方が，同

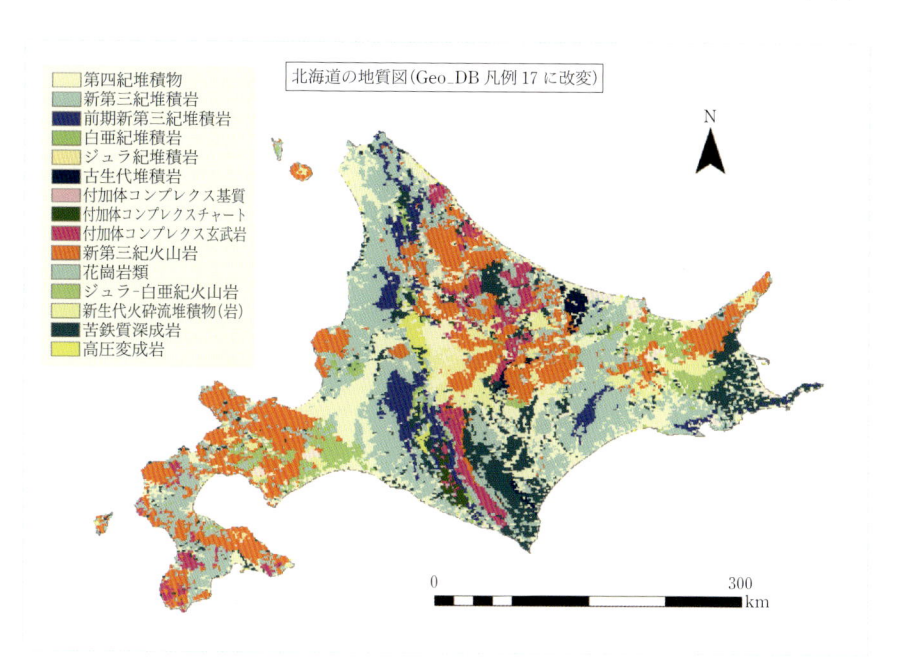

図2.11 Spatial analystを使って17の凡例に再分類して作成したラスター地質図

表2.1 Geo_DB の地質図［凡例200］を簡略化するために17の凡例に再分類したもの

Reclassifed Legend	再分類凡例
1. Quaternary sediments	第四紀堆積物
2. Neogene sedimentary rocks	新第三紀堆積岩
3. Early Neogene sedimentary rocks	前期新第三紀堆積岩
4. Cretaceous sedimentary rocks	白亜紀堆積岩
5. Jurassic sedimentary rocks	ジュラ紀堆積岩
6. Triassic sedimentary rocks	三畳紀堆積岩
7. Paleozoic sedimentary rocks	古生代堆積岩
8. Accretion complex basement	付加体基岩
9. Accretion complex chert	付加体チャート
10. Accretion complex basalt	付加体玄武岩
11. Neogene volcanic rocks	新第三紀火山岩
12. Granitic rocks	花崗岩類
13. Jurassic-Cretaceous volcanics	ジュラ紀-白亜紀火山岩
14. Cenozoic pyroclastic flow (rocks)	新生代火砕流堆積物(岩)
15. Mafic pultonic rocks	苦鉄質深成岩
16. Middle-low pressured metamorphics	低-中圧変成岩
17. Highly pressured metamorphics	高圧変成岩

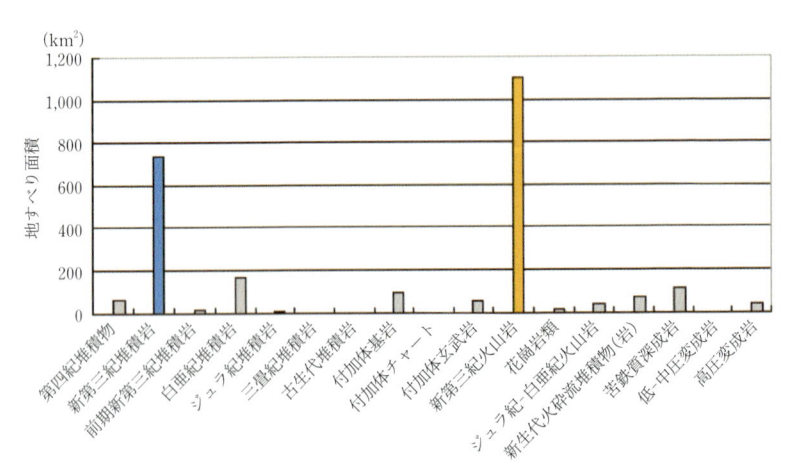

図2.12 地質岩相(17)ごとの地すべり(移動体)面積(km²)の合計の比較(ベクター解析)

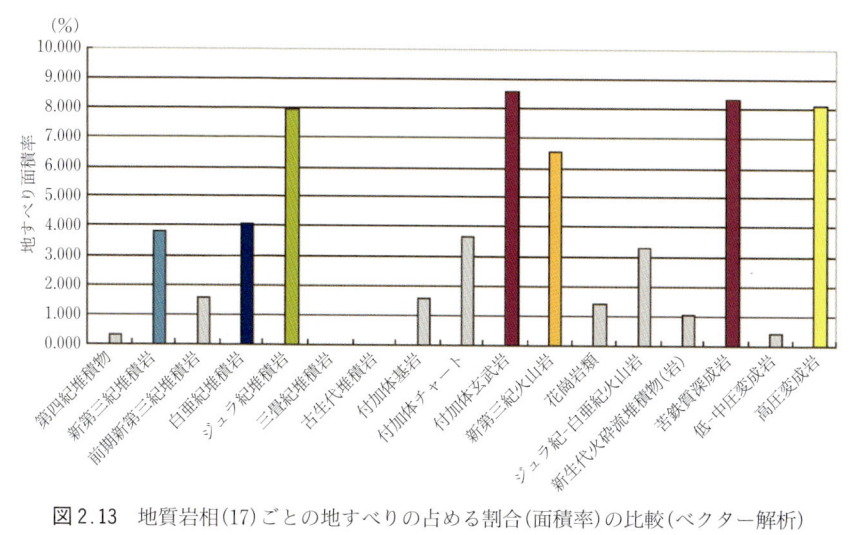

第 2 章　北海道の地すべり地形分布と地質・地形との関連　　45

図 2.13　地質岩相(17)ごとの地すべりの占める割合(面積率)の比較(ベクター解析)

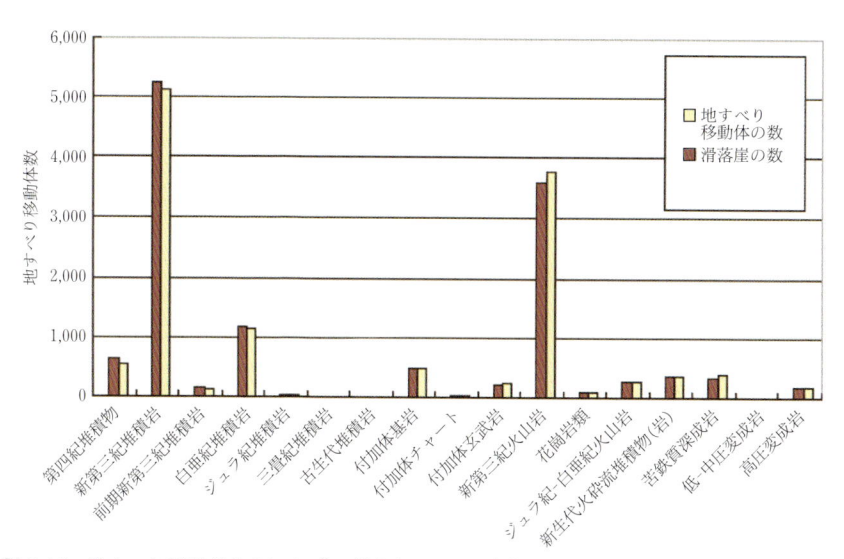

図 2.14　地すべり移動体〔ポリゴン〕の数(ポイントに変換したもの)と滑落崖(ポリライン)をポイントに変換したものの地質岩相の比較

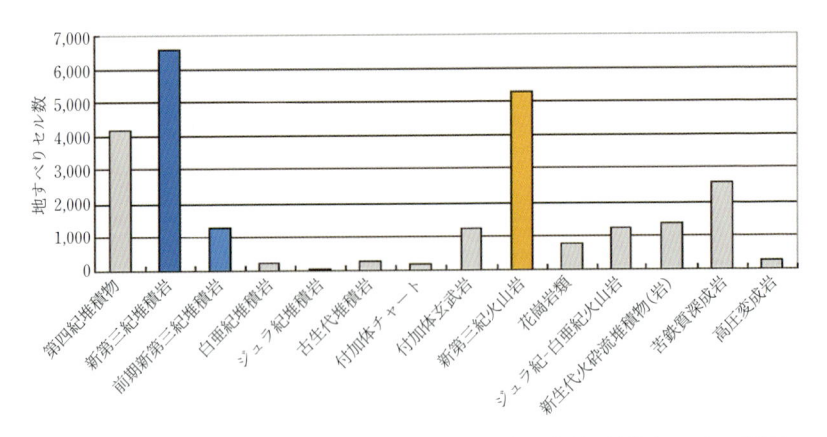

図 2.15　地質岩相(17)ごとの地すべり(移動体)セル数の合計の比較(ラスター解析)

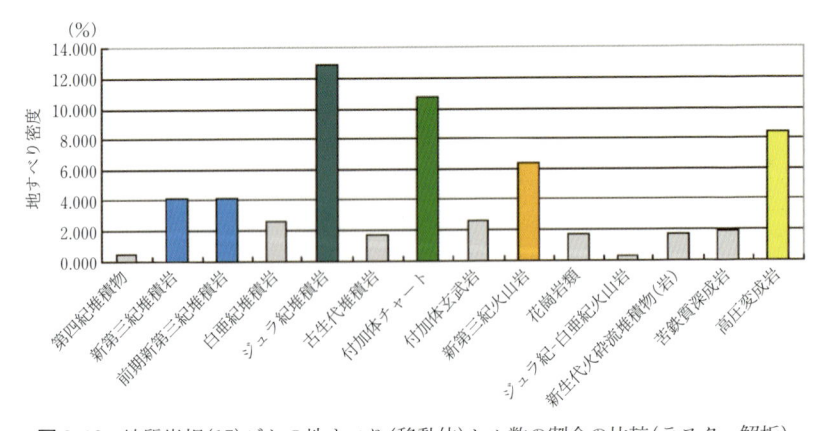

図 2.16　地質岩相(17)ごとの地すべり(移動体)セル数の割合の比較(ラスター解析)

火山岩より多くなっている。
　一方，ラスター解析による地すべりセル数で計算すると，図2.12とは逆となって，新第三紀堆積岩がもっとも高くなり，ついで新第三紀火山岩が高く（図2.15），ベクター解析の図2.12と類似している。さらに，この方法による地すべり密度の計算ではパターンにはやはりばらつきはあるが，ジュラ紀堆積岩や高圧変成岩はやや高く，また付加体チャートも目立っている（図

2.16)。

なお,以下の第5,6節で,以上述べたGIS解析法を詳細に解説する。

4.「北海道の地すべり地形デジタルマップ」と国土数値情報との関連についてのGIS解析例

北海道の地すべり地形分布図と国土数値情報(都市計画区域,自然公園,農業地域,河川系,道路網,湖沼,文化財など)との関係を空間検索によって調べてみた(図2.17)。その結果は,農業地域に重なる地すべりが全体の25%近くあり,ついで自然公園に重なるものが10%を超えているのが特徴である(図2.18)。

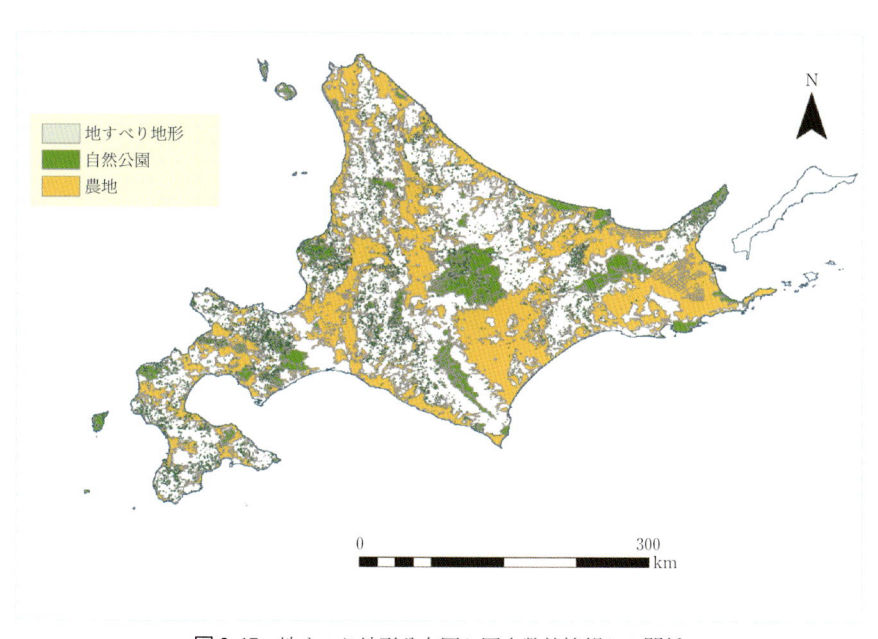

図2.17 地すべり地形分布図と国土数値情報との関係

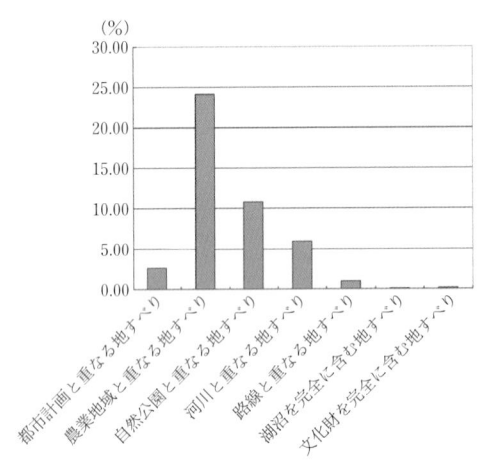

図2.18　種々の国土数値情報と地すべりの関係

5．北海道の地すべり地形のベクター解析法

　まず，総合地質情報データベース(Geo_DB；http://www.gsj.jp/Gtop/geodb/geodb.html)から20万分の1シームレス地質図：ベクトル版)をダウンロードして，shpファイルをArcMap上に載せる。デフォルトでは凡例が200(kihon_No)あるが，北海道全体の解析には細かすぎるので，17の凡例に再分類した。そのためには，まず，テーブル結合で，凡例200のkihon_Noを共通のフィールドにしてGeologic Legend_17という17凡例のdbf(Excelから保存)を"テーブル結合"する(図2.19)。これにより，凡例200の地質図は凡例17に再分類化されデータベースができるので，結合された新しいshpファイル(Hokkaido_georeclass)ができる(図2.20)。その属性テーブルを開くと，それぞれの地質岩相の面積が表示される。
　次に空間検索により，地すべり分布図(ポリゴン：A_JGD2000_Project)の中心(地質岩相に重心が来る)に新しい地すべりポイントデータを作り(ジオメトリ変換)，それぞれの地質岩相に対応する地すべりの面積やデータ数を属性検索で同じく統計情報として表示させる(図2.21)。

第2章　北海道の地すべり地形分布と地質・地形との関連　49

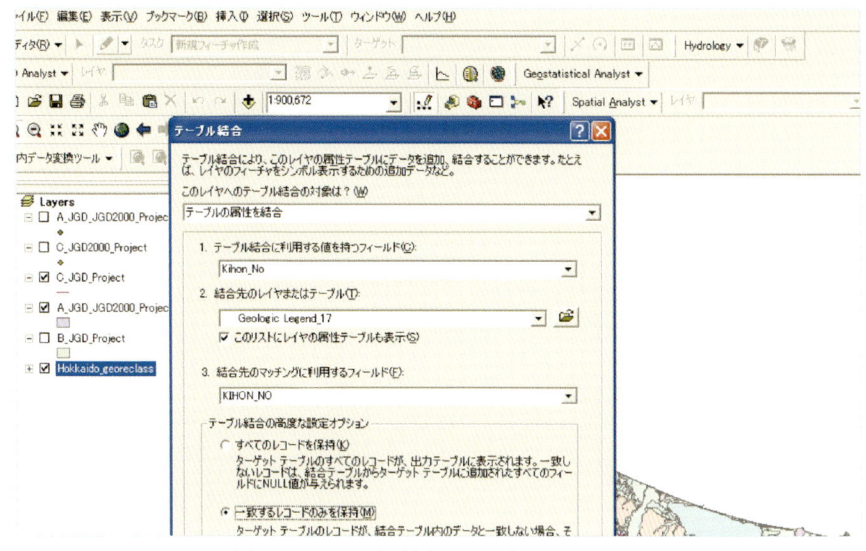

図2.19　テーブル結合による地質図の再分類

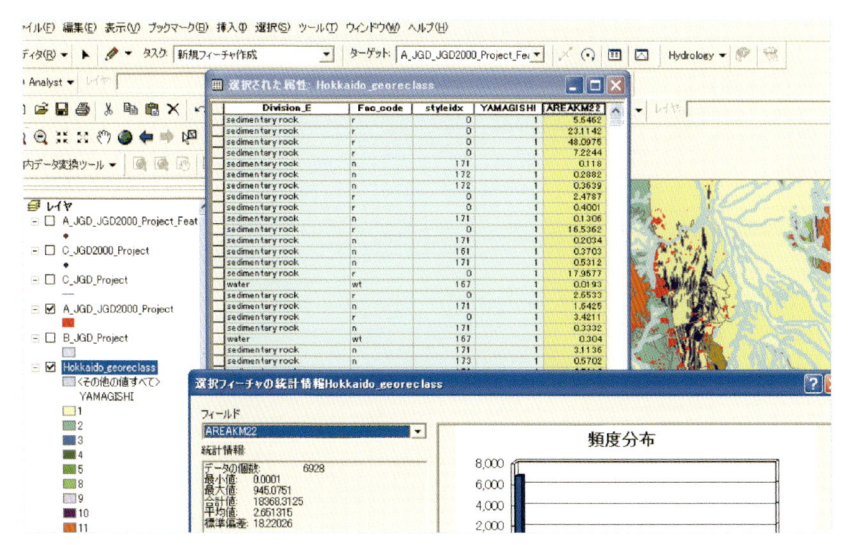

図2.20　Hokkaido_geolclass レイヤのなかの属性検索により，それぞれの地質岩相(ここでは Yamagishi＝1)の面積やデータ数などを統計情報から求める．

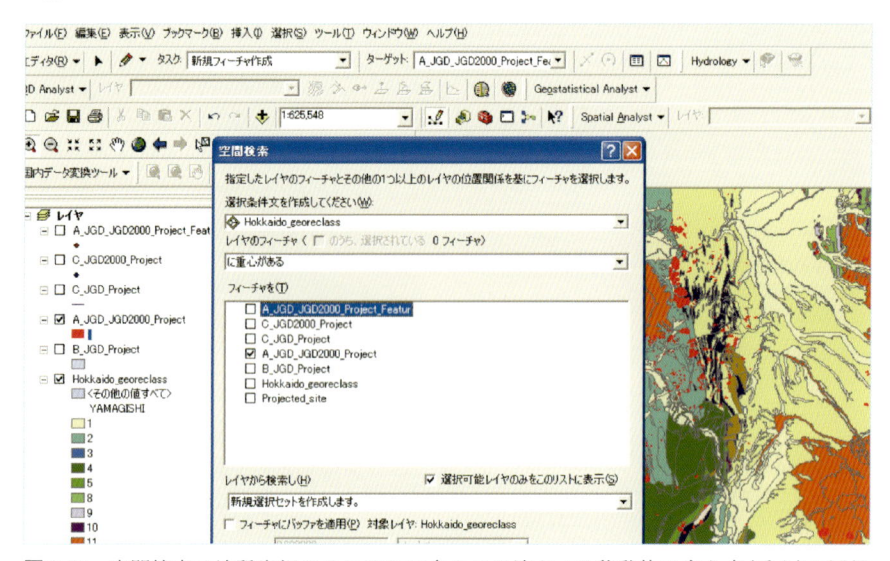

図 2.21 空間検索で地質岩相のそれぞれに含まれる地すべり移動体の中心点(重心)の属性データから地すべり面積や数を統計情報で表示させる。

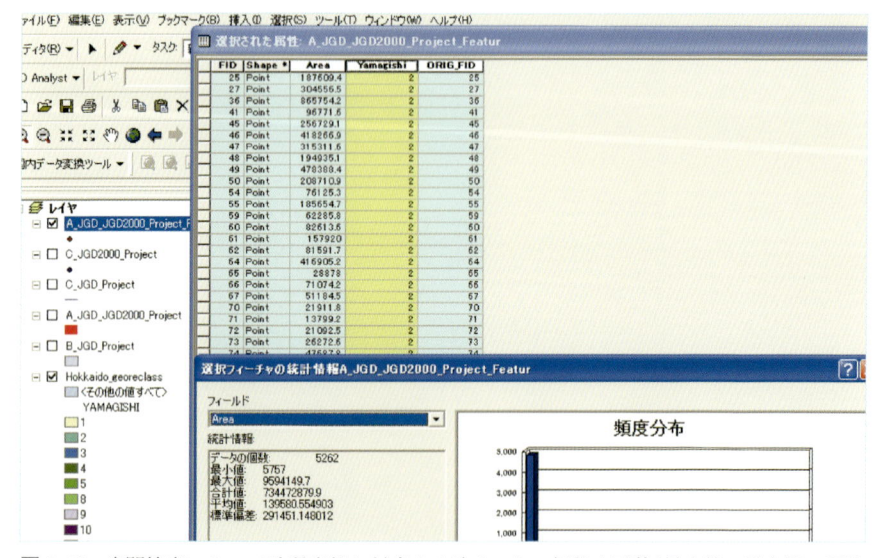

図 2.22 空間検索によって地質岩相と対応する地すべりの個数や面積(最小値、最大値、平均値など)を統計情報で表示させる。

以上により，地すべり移動体ポリゴンマップの属性テーブルは選択した地質岩相に対応するものとなる。地質岩相の Unit を地すべり移動体ポリゴンと対応させた後に，地すべり移動体を選択して，それぞれの地質岩相ごとのすべての移動体の個数と面積を表示させる(図2.22)。その計算された結果は，表2.2に示した。この表では，属性テーブルから得たそれぞれの地質岩相 Unit ごとの移動体ポリゴンの面積を Landslide DP Area で，それぞれの Unit ごとの率を Area Density として示した。また，移動体の数を Landslide (DP) number で示した。

次に，滑落崖(ポリライン；C_JGD-Project)を中心点(ポイント；C_JGD2000_Project)に変換すると，その位置(地すべり発生源)の地質岩相を得ることができる(図2.23)。表2.2では，地質岩相ごとの滑落崖中心点ポイントの数を Main_scarp No として，その割合を Scarp_point percent として示した。

ジオメトリ変換機能で，ポリラインからポイントに変換しても，地質岩相

表2.2 ベクター解析によって得られた北海道の地すべり地形(移動体と滑落崖)と地質岩相との関係

Geo_Unit	地質岩相(凡例17)	Unit Area (KM2)	Landslide_DP_ area(M2)	Landslide_DP_ area(M2)	Area Density (%) Unit	Landslide_DP_ Number	Main_scarp_ NO	Scarp_point_ percent
1	第四紀堆積物	18368.3125	65133000.7	65.13	0.355	633	515	4.053
2	新第三紀堆積岩	19359.4377	734472879.9	734.47	3.794	5262	5115	40.257
3	前期新第三紀堆積岩	814.003	12892910.6	12.89	1.584	129	122	0.960
4	白亜紀堆積岩	4140.7512	167978504.9	167.98	4.057	1171	1144	9.004
5	ジュラ紀堆積岩	104.4284	8348729.7	8.35	7.995	28	26	0.205
6	三畳紀堆積岩	0	0	0.00	0.000	0	0	0.000
7	古生代堆積岩	0	0	0.00	0.000	0	0	0.000
8	付加体基岩	6168.7146	93951634.8	93.95	1.523	482	467	3.675
9	付加体チャート	85.3145	3149529.1	3.15	3.692	18	16	0.126
10	付加体玄武岩	706.9926	60964829.4	60.96	8.623	225	236	1.857
11	新第三紀火山岩	16839.347	1101781471	1101.78	6.543	3584	3796	29.876
12	花こう岩類	1126.6221	16046606.7	16.05	1.424	78	82	0.645
13	ジュラ紀-白亜紀火山岩	1158.511	37908665.3	37.91	3.272	290	277	2.180
14	新生代火砕流堆積物(岩)	7116.8133	75192625.1	75.19	1.057	368	355	2.794
15	苦鉄質深成岩	1331.6269	110881791.7	110.88	8.327	333	378	2.975
16	低-中圧変成岩	478.2546	1965436.6	1.97	0.411	8	9	0.071
17	高圧変成岩	575.9578	46653189.7	46.65	8.100	161	168	1.322
18		0	3126908.3	3.13	0.000	27	0	0.000
19		0	1021489.6	1.02	0.000	30	0	0.000
	合計	78375.0872	2541470203	2541.47	60.755	12827	12706	100.000

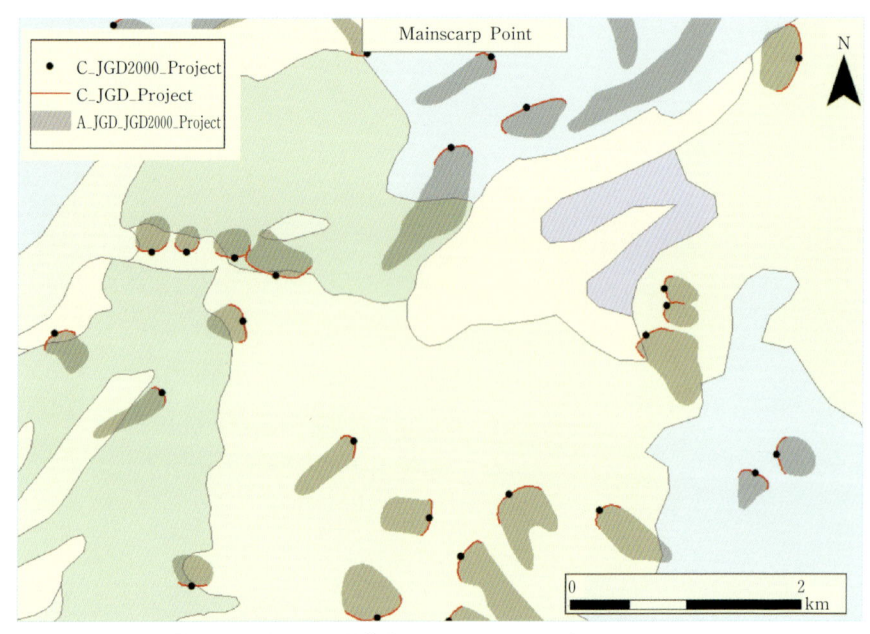

図 2.23　地すべり滑落崖ポリラインとその中心のポイント

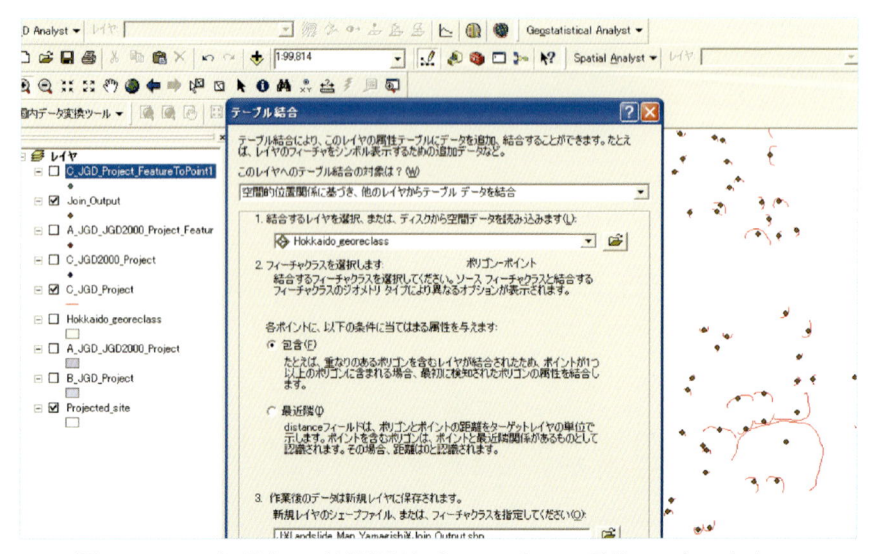

図 2.24　テーブル結合で，地質岩相をポイントデータの属性テーブルに加える．

の含んだテーブルがないので，テーブル結合(図2.24)で地質情報を有するレイヤ(この場合は Hokkaido_georeclass)を貼り付けると，新規のポイントレイヤ(Join_Output)ができる。それを属性検索で地質岩相ごとに統計情報からデータ数を表示して，それらを EXCEL に貼り付けたものが表2.2の右端の2カラムである。

しかし，滑落崖ポイントは12,706箇所となり，移動体ポリゴンの数12,827箇所より100箇所以上少なくなった。このことは，地すべり地形が5万分の1地形図の境界をまたぐ場合，シームレス処理をしていないので，片側には滑落崖が存在しないためと解釈される。

6. 北海道の地すべり地形のラスター解析法

地すべり地形分布と地質図との関係を見る方法として，第5節でベクターのみを使う方法(ベクター解析)を紹介した。第6節ではラスターを使う方法(ラスター解析)を紹介する。ラスター解析には2つの方法(Combine 法とマスク法)がある。最初に Combine 法を紹介する。

6.1 Combine 法

まず，地質図ベクターをダウンロードして再分類する。方法は前節と同じなので省略する。次に，地すべり地形分布図の移動体(ポリゴン：A_JGD2000_Project)を ArcMap に表示する。まず，Spatial Analyst のオプションで，マスクの設定 → 範囲 → セルサイズなどを入力する。その後，この17の凡例に再分類した地質図と地すべり地形分布図のベクターデータをそれぞれ，Spatial Analyst でラスターに変換する(「フィチャーからラスターに変換」を使用)。地質図のラスター化されたレイヤ(geo_ra_ProjectRaster.img)は図2.25のようになり，属性テーブルの VALUE が地質岩相 Unit の番号で，COUNT がそれぞれに対応するグリッド(幅1,832 m)のセル数である。ただし，6番と16番の岩相は現れない。

次に，地すべり分布図ベクターをラスター化すると図2.26になる。この場合の属性テーブルには VALUE に0と1とが出るが，0は地すべりの存

54

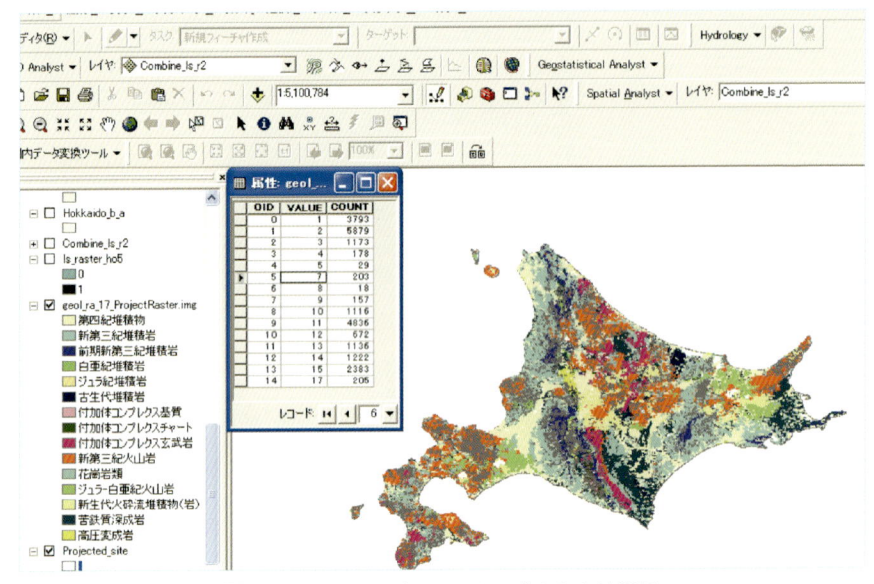

図 2.25　ArcMap 上のラスター化された地質図

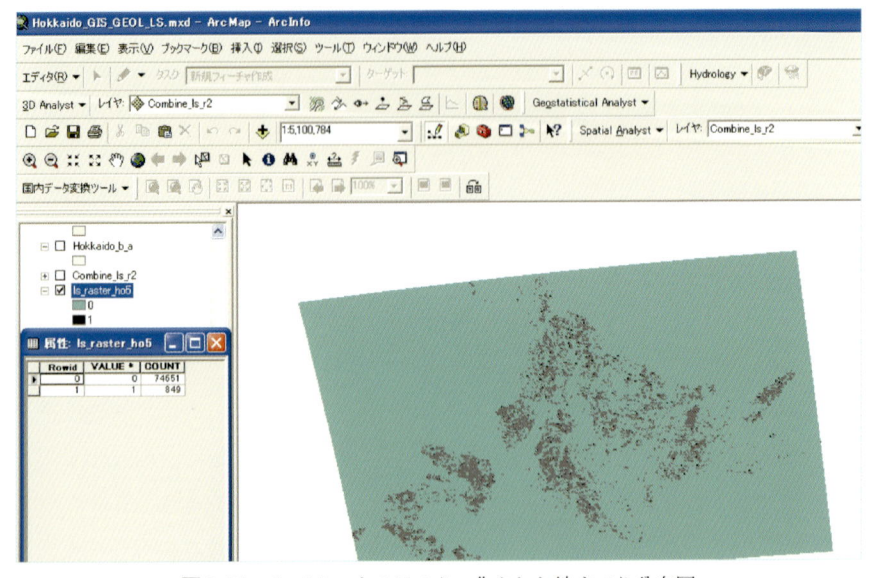

図 2.26　ArcMap 上のラスター化された地すべり分布図

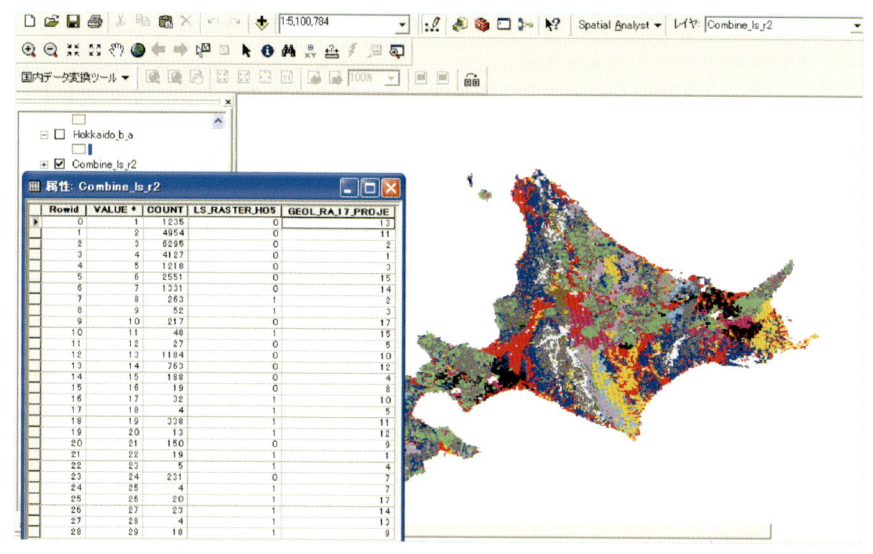

図2.27 Combineによってできたラスターの属性テーブルとラスター地質図

在しないセルCOUNT数で，1が地すべりを含むセルCOUNT数である。ラスターに変換するときに，値が1でない場合は，Spatial Analystの「ラスター演算」で1にする。これにより，2つのラスターマップができ，セルサイズは自動的に1,832 mとなった(PC能力の問題らしく，もっと小さい値を入れると作動しなかった)。次に，ArcTool boxのなかのSpatial Analystツール→ ローカル → コンバイン(Combine)で，上記2つのラスターレイヤを合体させる(図2.27)と，Combine_ls_r2のラスターレイヤができる。この属性テーブルを見ると，右端の列(GEOL_RA_17_PROJE)が地質岩相Unitの番号である。図2.25と同じく6番，16番は出てこない。

その左側の列(LS_RADTER_HO5)では，地すべりのセルが存在するのが1で，ないのは0となる。それぞれの地質岩相ごとに1と0があるが，例えば地質岩相Unit 8には0のみであるから，地すべりはゼロである。このテーブルを属性テーブルの右下のダイアロボックスを空けてエクスポートでdbfファイルとして吐き出してEXCELで変換・表示し，計算した結果が表2.3である。右の3列をグラフにしたのが，第3節の図2.15と2.16である。

表2.3 北海道の地質岩相(17 凡例)と地すべり分布との関係をラスター解析で計算したもの

GEOLOGY	Landslide_0	Landside_1	Total Count	GEOLOGY17	地質凡例	地すべりセル数	地質岩相ごとの地すべりセルの面積率	地質岩相のセル数
2	5619	228	5847	1	第四紀堆積物	29	0.525%	5527
13	337	8	345	2	新第三紀堆積岩	228	3.899%	5847
11	4774	326	5100	3	前期新第三紀堆積岩	5	2.058%	243
1	5498	29	5527	4	白亜紀堆積岩	1	0.082%	1223
4	1222	1	1223	5	ジュラ紀堆積岩	3	10.000%	30
3	238	5	243	8	付加体基岩	41	2.162%	1896
2				10	付加体玄武岩	15	7.732%	194
4	1	59	60	11	新第三紀火山岩	326	6.392%	5100
1				12	花こう岩類	5	1.441%	347
3				13	ジュラ紀-白亜紀火山岩	8	2.319%	345
15	365	26	391	14	新生代火砕流堆積物(岩)	18	0.836%	2153
5	27	3	30	16	低-中圧変成岩	1	0.704%	142
8	1855	41	1896	17	高圧変成岩	15	8.475%	177
10	179	15	194					
15								
9	27							
8	1855	41	1896					
5								
11								
13								
12	342	5	347					
17	162	15	177					
17								

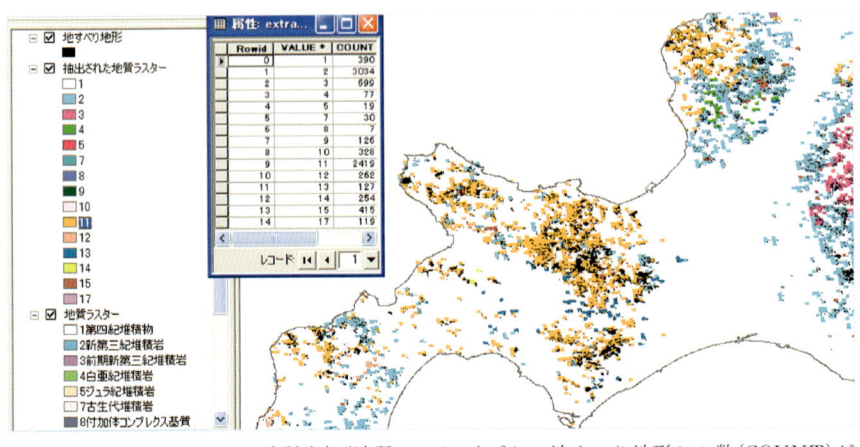

図 2.28 マスク法により，地質岩相(地質ラスター)ごとの地すべり地形セル数(COUNT)が得られる。

6.2 マスク法

以上のように Combine 法では，地すべり地形と地質図の両方とも，ラスター変換するが，マスク法では，地すべり地形ポリゴンを Spatial Analyst 機能で 17 に再分類した地質図のラスターをもとに，同じく Spatial Analyst で"抽出 → マスクで抽出"を選択し(図2.28)，その"入力ラスター"に"地質ラスター名"のファイルを入れ，"入力ラスターまたはフューチャマスクデータ"に"地すべり地形ポリゴン"を入れ，"出力ラスター"に名前をつける("抽出された地質ラスター")と，指定したディレクトリにラスターファイルができる。その属性として地質岩相 Unit (17 凡例) ごとの地すべり地形ラスターのセル数が現れる。図 2.28 の"抽出された地質ラスター"の属性テーブルの VALUE の番号はそれぞれの地質 Unit に，COUNT は"地すべり地形ポリゴン"のセル数にあたる。この属性テーブルを開けてオプションでエクスポートし，dbf ファイルとして適当なフォルダーに保存する。それを EXCEL に移して地質岩相ごとの地すべり地形のセル数(セルのサイズは Spatial Analyst のオプションで自動的に決まるか指定することもできる)が得られる。このセル数とセルサイズで，絶対的面積が出るが，各地質岩相のセル数で割れば各地質岩相ごとの地すべりの占める割合が求められる。

また，地すべり地形ポリゴンをジオメトリ変換でポイント変換すると，地すべり地形の中心にポイントができる。このポイントフューチャを同じく地質岩相ラスターから"抽出 → マスクで抽出"で計算すると，各地質岩相ごとのセル数(地すべり数)が得られる。

『北海道の地すべり地形』(山岸編，1993)が世に出てから 18 年が経過し，その続編である『北海道の地すべり地形データベース(本＋CD-ROM)』(山岸ほか編，1997)の出版からも 15 年が経過した。当時は，これらのデータのいくつかの解析も行われた(伊藤ほか，1999；Yamagishi et al., 2002)が，当時はまだ GIS があまり普及していなかった。

しかし，最近の GIS の普及により，地質図や DEM などのデジタルデータが容易に入手できるようになってきた。つまり，地すべり分布図でいえば，防災科学技術研究所が本州・四国・九州は終了し，最近では北海道について

も西南部は完成している。これらは地すべり地形分布図の5万分の1図葉の紙ベースのマップに加えてGIS用に数値データとしてshpファイルなどが無料で配信されている。また，産総研地質調査総合センター(Geo_DB)が，シームレス地質図(20万分の1)データベースのデジタル版の無料配信を開始してから数年が経過した。そして，こうした気運にのって，GIS Landslide研究会(代表：山岸宏光)も2010年2月に発足し，これに関する関心も高まってきた。また，すでに東北地方では，㈳東北建設協会により，デジタルデータの付属した土木地質図が出版され，災害関連のデジタル化は急速に進みつつある。

しかし，紙ベースの分布図『北海道の地すべり地形』は今まで公式には数値化されていなかったが，北海道土木地質図などの編集にともない，デジタルデータが望まれてきた。こうしたことを背景として，本書『北海道の地すべり地形デジタルマップ』を出版して，その付録としてshpファイルなどを収納したDVDを提供することになった。また，その活用例として，GISソフトのARCINFO 9.3.1によって，『北海道の地すべり地形分布図』，『北海道の地すべり地形データベース』とGeo_DBによる地質図との関係，国土数値情報との関連などを解析した例も掲載した。また，本章で扱ったそれらのGIS解析の2〜3の方法も収録した。

［引用・参考文献］
Ayalew, L. and Yamagishi, H. (2005). The application of GIS-based logistic regression for landslide susceptibility mapping in the Kakuda-Yahiko Mountains, Central Japan. *Geomorphology*, 65: 15-31.
伊藤陽司・山岸宏光・川村信人・堀　俊和(1999). 北海道における地すべり地形の特徴―地すべり地形データベースの解析から. 地すべり, 35(4)(北海道支部20周年特集号), 7-15.
岩橋純子・山岸宏光・神谷　泉・佐藤　浩(2007). 2004年7月新潟豪雨と10月新潟県中越地震による斜面崩壊の判別分析, 日本地すべり学会誌, 45, 1-12.
㈳東北建設協会(2006). 建設技術者のための東北地方の地質, 408 pp, +DVD.
山岸宏光(1993). 北海道の地すべり地形―分布図と資料. 北海道大学図書刊行会. 392 pp.
山岸宏光(2008). 北海道の地すべり地形分布と地質・地形との関連のGIS表示. 北海道の地すべり研究30年, 北海道地すべり学会・㈳日本地すべり学会北海道支部, CD資料集, 153-173.
山岸宏光・志村一夫(2000). GIS既存データを活用した地すべり地形分布図の3D表現―北海道白井川流域を例として. 地すべり, 38(2)：44-47.

Yamagishi, H., Ito,Y. and Kawamura, M. (2002). Characteristics of deep-seated landslides of Hokkaido-analyses of database of landslides of Hokkaido, Japan. *Environmental & Engineering Geoscience*, VIII: 35-46.

山岸宏光・川村信人・伊藤陽司・堀　俊和・福岡浩編(1997). 北海道の地すべり地形データベース(+CD-ROM). 北海道大学図書刊行会, 350 pp.

山岸宏光・斉藤正弥・岩橋純子(2008). 新潟県出雲崎地域における豪雨による斜面崩壊の特徴―GISによる2004年7月豪雨崩壊と過去の崩壊の比較. 日本地すべり学会誌, 45, 57-63.

第3章 「北海道の地すべり地形デジタルマップ」を用いた地形特性解析

1. 地形解析処理の前段階
2. 北海道の地すべり全域，および地すべり移動体の地形・地質特性
3. 地すべりの空間分布

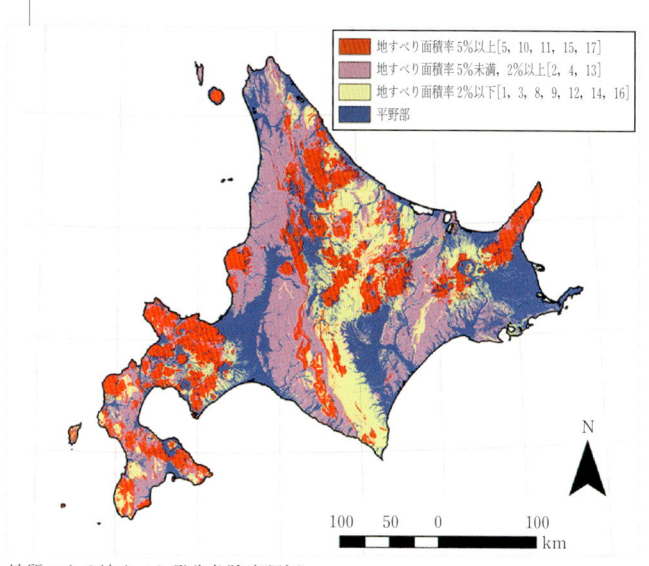

地質による地すべり発生危険度評価

地すべり地形の分布や特性を明らかにすることは，地すべり発生危険地域の抽出・評価を行うためには必要不可欠である．本章では，北海道の地すべり地形の特性を算出する方法の一事例を紹介する．

1. 地形解析処理の前段階

　一度地すべりを起こした山体斜面は，変形・破壊を経験していること，すべり面が形成されていることなどから，周辺斜面と比較して地すべりが再度起こりやすくなっている。このような過去に地すべり変動を起こした斜面は地すべり地形と呼ばれ，その分布や特性を明らかにすることは，地すべり発生危険地域の抽出・評価を行うためには必要不可欠である。本章では「北海道の地すべり地形デジタルマップ」付属の DVD 内に含まれる地すべりデジタルデータを用いることで，北海道の地すべり地形の地形解析事例を紹介する。

　「北海道の地すべり地形デジタルマップ」のデジタルデータは，12,000箇所以上の地すべりを包括している。地すべりデータは，移動体・滑落崖を含めた地すべり地形全体のポリゴンデータ，および地すべり滑落崖のポリゴンデータで構成されている(図3.1)。地すべりのポリゴンデータを用いた地すべり特性を算出する一般的な手法としては，地すべりの長さ，幅，最高点，滑動方向，面積の算出などが用いられていることが多い(山岸，2008)が，本章ではそれとは違った手法，例えば地すべりが分布する地域の地形・地質，空間分布などを解析することで，北海道の地すべり分布の地形特性を算出する方法・結果を紹介する。

　北海道全域の地形，および「北海道の地すべり地形デジタルマップ」を用いた地すべり地形分布を 図3.1，図3.2 に示す。地形データは国土地理院の10 m メッシュ，50 m メッシュの数値標高データ(DEM：Digital Elevation Model)を用いている。図3.1 は 50 m メッシュ，図3.2 は 10 m メッシュの数値標高データを用いて作成しており，各々の地形情報はグレースケールで示した傾斜図に標高段彩図を重ね合わせた地形表現図(Doshida et al., 2006)にて表現している。図3.1下図は，上図の青枠で囲まれた地域の拡大図であり，下図の黄色で示された地域が地すべり滑落崖のポリゴンデータ，赤色で示された地域(黄色ポリゴンの下にも赤色ポリゴンは隠されている)が，地すべり地域全域を抽出したポリゴンデータである。50 m メッシュで作成した地形表現図(上図)・拡大図(下図)と同様の処理を，10 m メッシュ地形データを用いて作

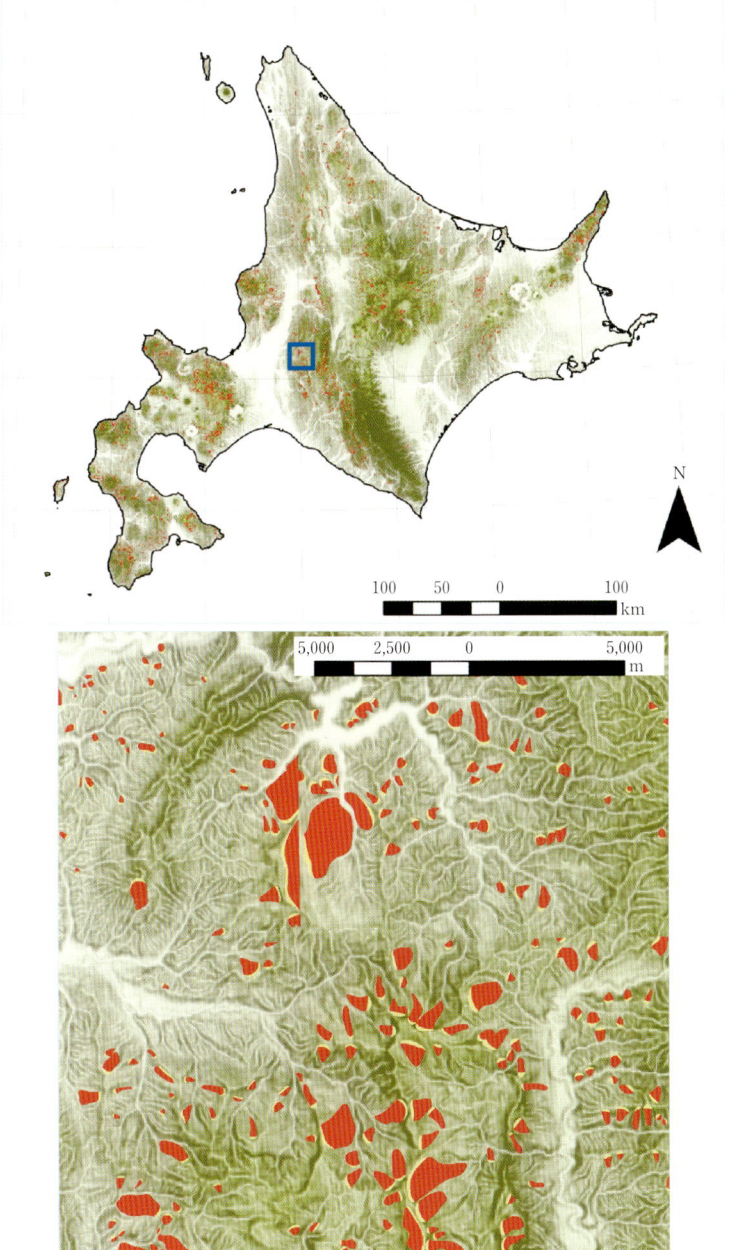

図3.1 地形データ(50 m メッシュ標高データ)と北海道の地すべり地形デジタルマップ。上図の青枠範囲を拡大した下図の地すべり地形データは，地すべり全域(赤色ポリゴン)と地すべり滑落崖地域(黄色ポリゴン)に分けて作成されている。

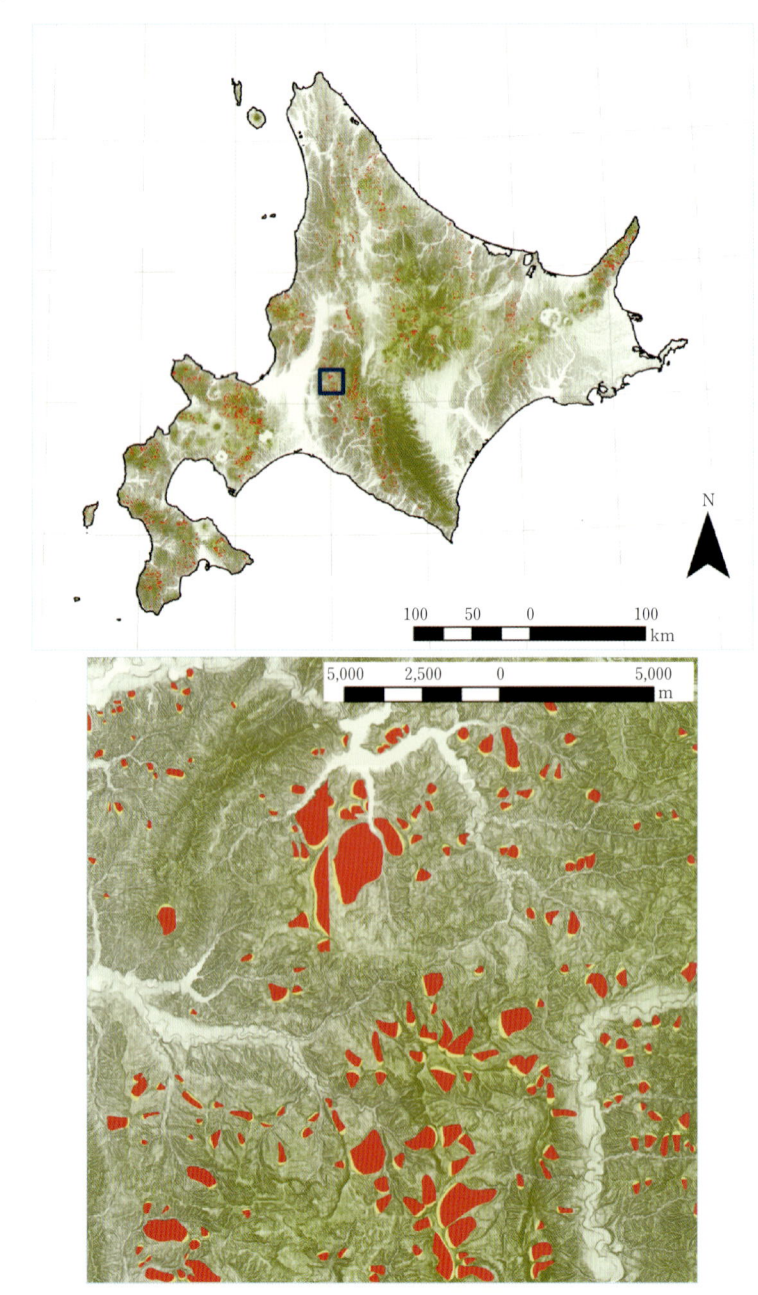

図 3.2　地形データ（10 m メッシュ標高データ）と北海道の地すべり地形デジタルマップ

図したものを図 3.2 に示す．図 3.1 と図 3.2 を比較すると，50 m メッシュの地形データに比べ，10 m メッシュの地形データの方が詳細な地形形状を表しているのがわかる．これら 2 種類の数値地形データを用いて，北海道全域，地すべり地域全域，地すべり滑落崖の分布する地域，以上 3 種類の地域の傾斜を算出した結果を，ヒストグラムとして示した（図 3.3）．この傾斜ヒストグラムの縦軸は，それぞれ全体の面積に対する面積率として正規化しているため，ほかのグラフと比較可能である．50 m メッシュデータを用いて作成した傾斜ヒストグラム（図 3.3 上図）では，地すべり地域全域では 10-15° をピークに分布していること，地すべり滑落崖のピークが 10-20° を示していることがわかる．一方，10 m メッシュデータを用いて作成した傾斜ヒストグラム（図 3.3 下図）では，地すべり地域全域で見ると，ピークが 10-15° であり 50 m メッシュの傾斜ヒストグラムと大きく変わらないが，地すべり滑落崖では 15-25° がピークになり，50 m メッシュの傾斜ヒストグラムと比較して，傾斜の高い地域に多く分布していることがわかる．つまりメッシュサイズが小さい 10 m メッシュでの計算結果の方が全体的に急傾斜になっていることが示されている．このことは，数値解析に用いるメッシュサイズの大きさが変わることにより，その結果も変わることを意味している．このような数値地形解析を行う場合には，対象とする地形の大きさから使用するメッシュサイズをあらかじめ考慮しておくことが重要である．

　今回使用する「北海道の地すべり地形デジタルマップ」の地すべり地形の面積パラメータは，地すべり地形全域ポリゴンで，最大面積：約 10,000,000 m^2・最小面積：約 5,000 m^2，地すべり滑落崖ポリゴンで最大面積：約 900,000 m^2・最小面積：約 1,000 m^2 であることから，50 m メッシュ（1 メッシュ 2,500 m^2）では，滑落崖ポリゴンを解析するには大きすぎるため解析には相応しくない．以上のことから，今回の解析はおもに 10 m メッシュ（1 メッシュ 100 m^2）の地形データを用いて行う．ただ北海道全域を対象に 10 m メッシュの地形データを用いて解析する際，計算対象範囲が広すぎることから解析が困難な場合も存在した．このように解析が困難な場合には計算の簡略化のため，50 m メッシュ地形データも併用することにした．50 m メッシュデータを使用する際には明記する．

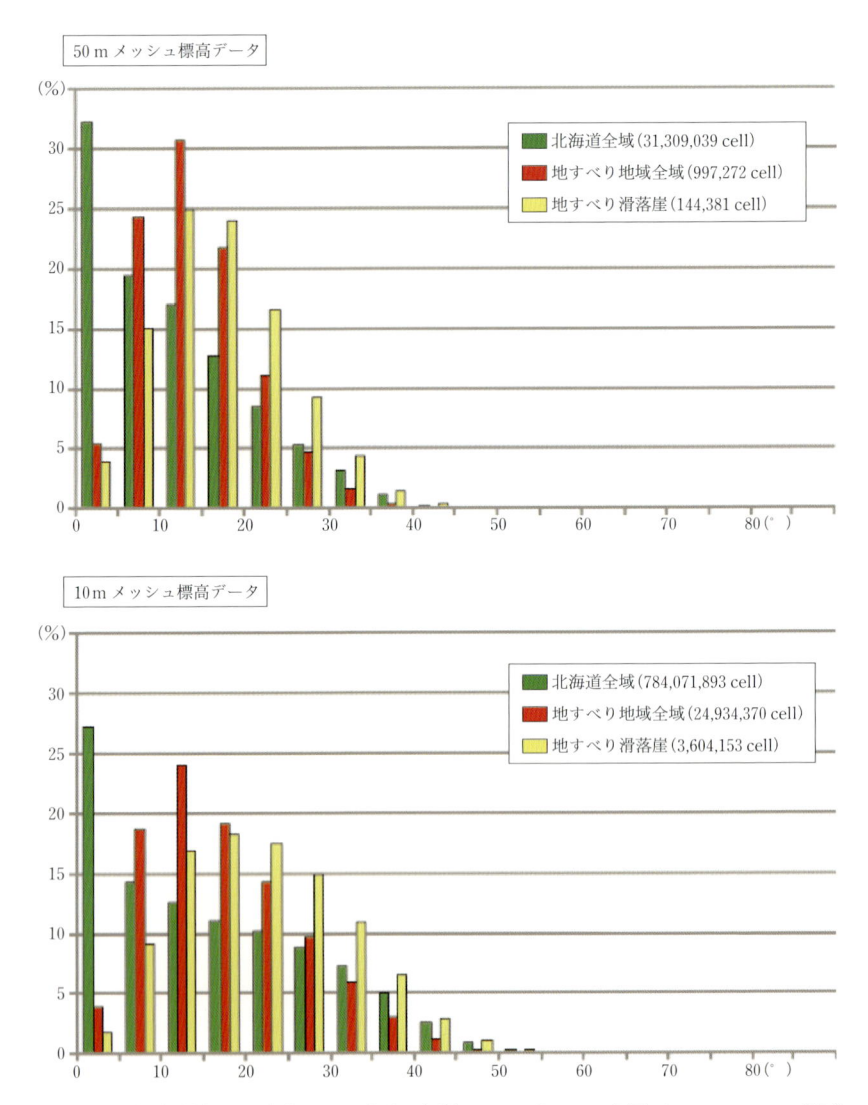

図 3.3　北海道全域および地すべり地形の傾斜ヒストグラム．上図が 50 m メッシュ標高データ使用，下図が 10 m メッシュ標高データ使用

2. 北海道の地すべり全域，および地すべり移動体の地形・地質特性

　地すべり地形を対象に詳細な地形解析を行う際，地すべりが基本的に山岳地域に分布していることを考慮して，対象とする地形を山岳地域と平野部に分類して考える必要がある．そのため本章では，50 m メッシュデータを用いて傾斜値を算出し，傾斜5°以下の地域で，かつ面積が 25 万 m² 以上 (50 m メッシュで 100 cell 以上) をもつ地域を平野部と仮定し，それ以外の地域を山岳地域として分類した (図 3.4)．その結果，北海道全域では 27% が平野部，73% が山岳地域として分類された．地すべり地形全域ポリゴンと地すべり滑落崖ポリゴンは，ほぼすべて山岳地域に分布しており，平野部として抽出した地域には地すべり末端部がわずかに分布する程度であった (平野部に地すべり末端部が分布する地すべり個数は，全地すべりの 0.12%)．以上のことから，地すべりを対象とする以後の解析では，平野部は基本的に除外している．

　これら山岳地域，および地すべり地域全域ポリゴン，地すべり滑落崖ポリゴンを，地質情報と比較し，その分布特性を検討した．本章では第 2 章 (図 2.1) で用いた地質図と同様に，20 万分の 1 日本シームレス地質図を基にした，日本全国 17 種類の地質に再分類した地質情報を比較対象として用いた．北海道全域では日本全国で 17 種類に分類したもののうち 15 種類が分布している (図 3.5)．20 万分の 1 日本シームレス地質図はポリゴン・ポリラインのベクター型データとして公開されているが，ここでは解析処理の速度向上のため，ベクター型データを一度 10 m メッシュのラスター型データに変換してから使用している．各地質は，個々に番号を割り振っており，図 3.5 の凡例に記載している．図 3.5 において黄色系が堆積岩類 (1-5)，緑色系が付加コンプレックス (8-10)，赤色系が火山岩類 (11-14)，青色系が深成岩，変成岩類 (15-17) を示している．本章では，以後の解析において，地質名ではなく図 3.5 凡例番号にて記載する．

　17 種類に再分類した地質 (北海道では 15 種類) は，北海道全域，山岳地域，地すべり地域全域において図 3.6 のような面積分布率をもつ．面積分布率を

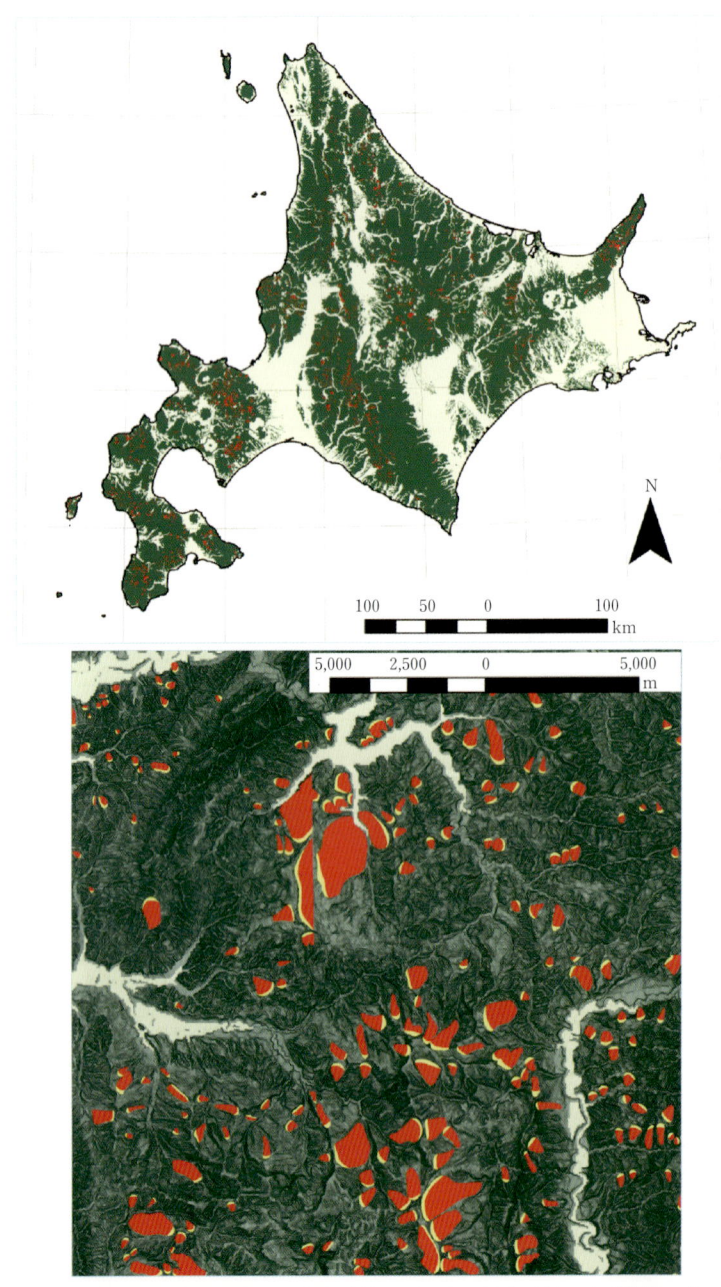

図 3.4　山岳地域と平野部の分類。淡黄色地域が平野部，緑色地域が山岳地域を表している。

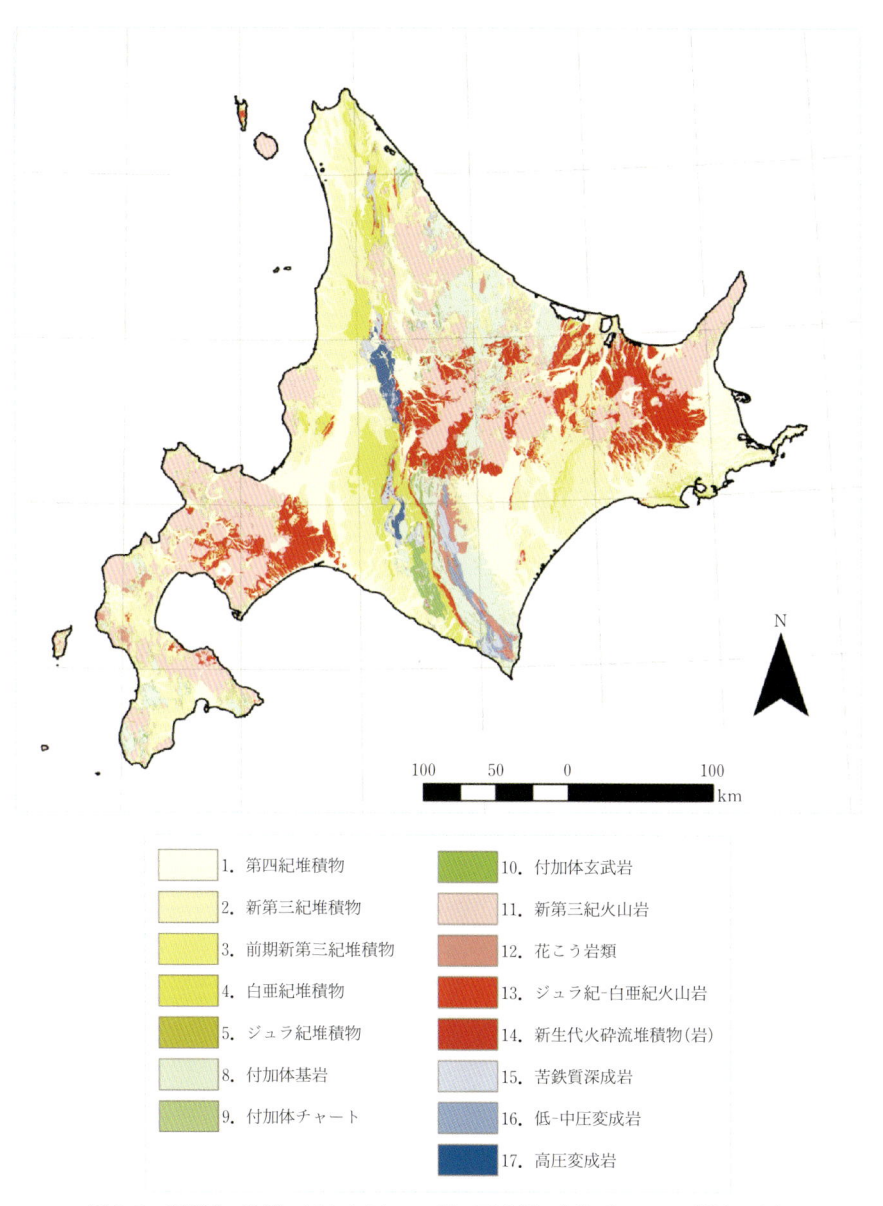

図 3.5 北海道の地質。日本全国で 17 種に再分類，北海道では 15 種類が分布

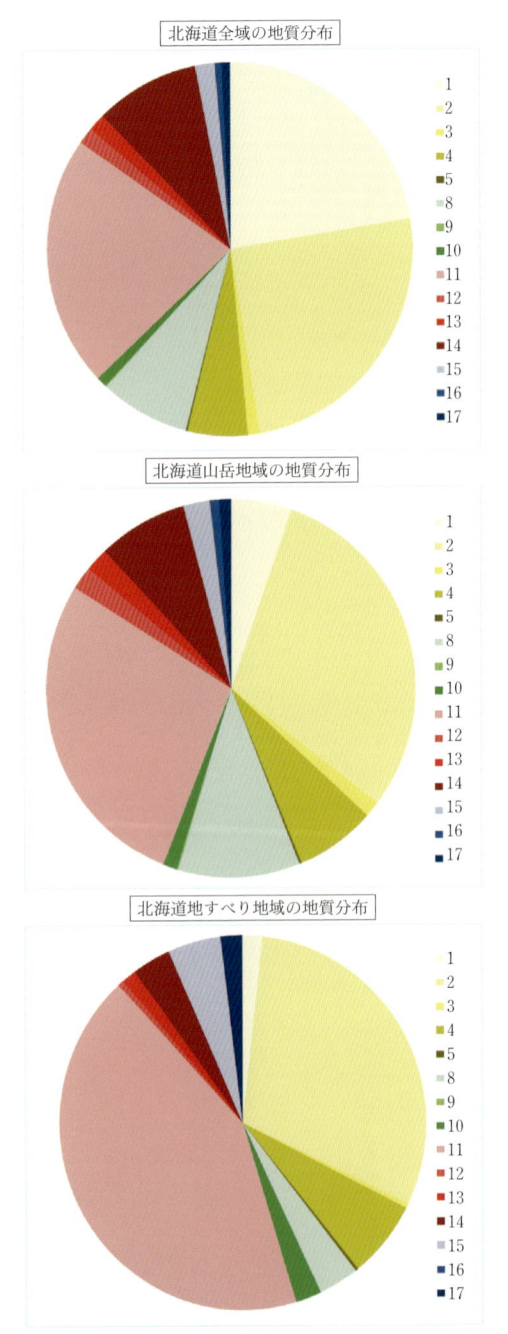

図 3.6　北海道の地質面積分布率。上：北海道全域，中：北海道山岳地域，下：北海道地すべり地域全域

見ると，北海道全域では凡例番号1，2，11の地質が，山岳地域，地すべり分布地域においては，凡例番号2，11の地質が顕著に分布していることがわかる。また図3.7では，北海道全域，および北海道全域から山岳地域のみを抽出した地域，それぞれの地域に分布する地質における地すべり地域全域の占める割合，つまり「地すべり面積率(それぞれの地質における地すべり地域全域

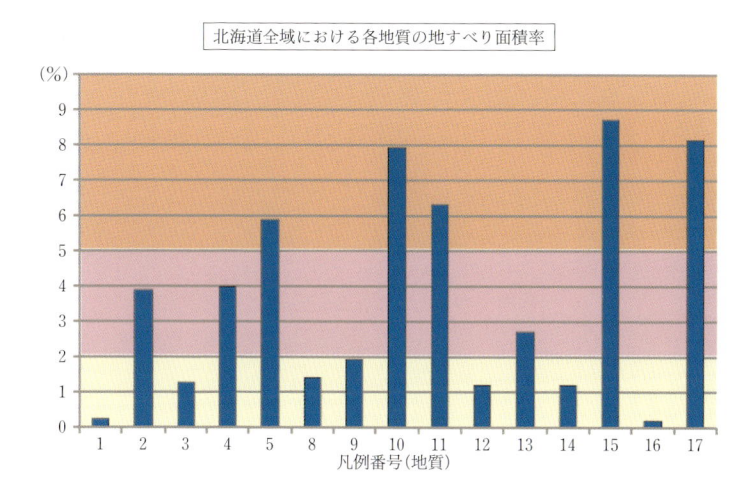

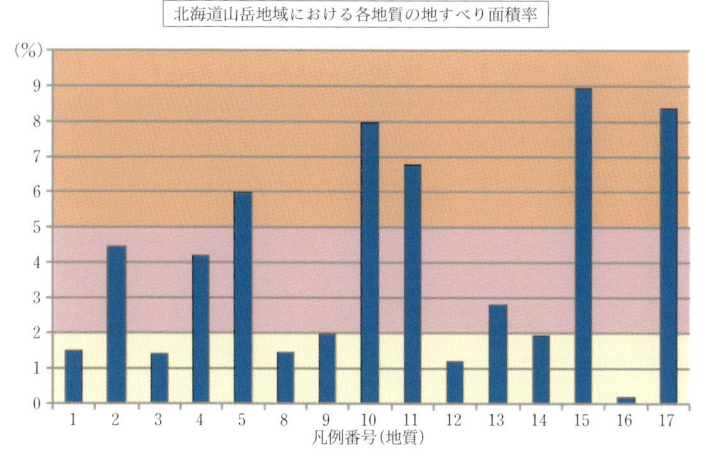

図3.7 北海道の地質別地すべり面積率。上：北海道全域における各地質の地すべり面積率，下：北海道山岳地域における各地質の地すべり面積率

の全面積／それぞれの地質の全面積，もしくは山岳地域の全面積)」を示している．このグラフを見ると，北海道全域・北海道山岳地域のグラフともに，地すべり面積率が 5% 以上を占めるのは，凡例番号 5, 10, 11, 15, 17 の地質であった．地すべり面積率が 5% 未満 2% 以上を占める地質は凡例 2, 4, 13 であり，地すべり面積率が 2% 未満の地質が，凡例 1, 3, 8, 9, 12, 14, 16 である．ここでの地すべり面積率の区分は主観に基づくものである．

　地すべり面積率が 5% 以上を示す地域(地すべり面積率の高い地域)，地すべり面積率が 5% 未満で 2% 以上の地域(地すべり面積率が中程度の地域)，地すべり面積率が 2% 未満の地域(地すべり面積率の低い地域)，最後に地すべりがほぼ分布していない平野部(地すべり面積率が 0.1% 以下)の 4 つに分類し，北海道全域を表示したものを図 3.8 に示す．地すべり地形が地すべりの発生危険度が高い地域であることを考えると，図 3.8 は地すべり発生危険度評価図としても適用することができる．ただ危険度評価のもととなっているデータが 20 万分の 1 の地質図をもとにして，さらに再分類したものであるため，それ以上の位置的な精度はない．

　地すべり面積率の高い地域，地すべり面積率が中程度の地域，地すべり面積率が少ない地域の 3 種類に分類し，それぞれの地質における地すべりの地形特性について，10 m メッシュデータから傾斜値を算出することで考察した(図 3.9)．図 3.9 の傾斜ヒストグラムは，横方向に左から山岳地域全域，地すべり地域全域，地すべり滑落崖に分け，縦方向に上から地すべり面積率が高い地域(凡例番号 10, 11, 15)，地すべり面積率が中程度の地域(凡例番号 2, 4, 13)，地すべり面積率が低い地域(凡例番号 1, 8, 14)に分類している．山岳地域全体の面積と比較して 1% に満たない面積の地域，または地すべり全域の面積と比較して 1% に満たない地すべり面積しか分布していない地域である 6 種の地質(凡例番号 3, 5, 9, 12, 16, 17)は，個々の地すべりデータが強く影響を与えてしまうため，結果から除外した．図 3.9 の傾斜ヒストグラムを見ると，地すべり面積率の低い地域では，凡例番号 1, 14 において山岳地域全体で傾斜が緩い傾向が見られる．一方，凡例番号 8 は地すべり面積率が低いにも関わらず，地すべり面積率の中・高の傾斜ヒストグラムに似た傾向を示している．これは地すべりの発生要因が地形・地質のみならず，ほかの要

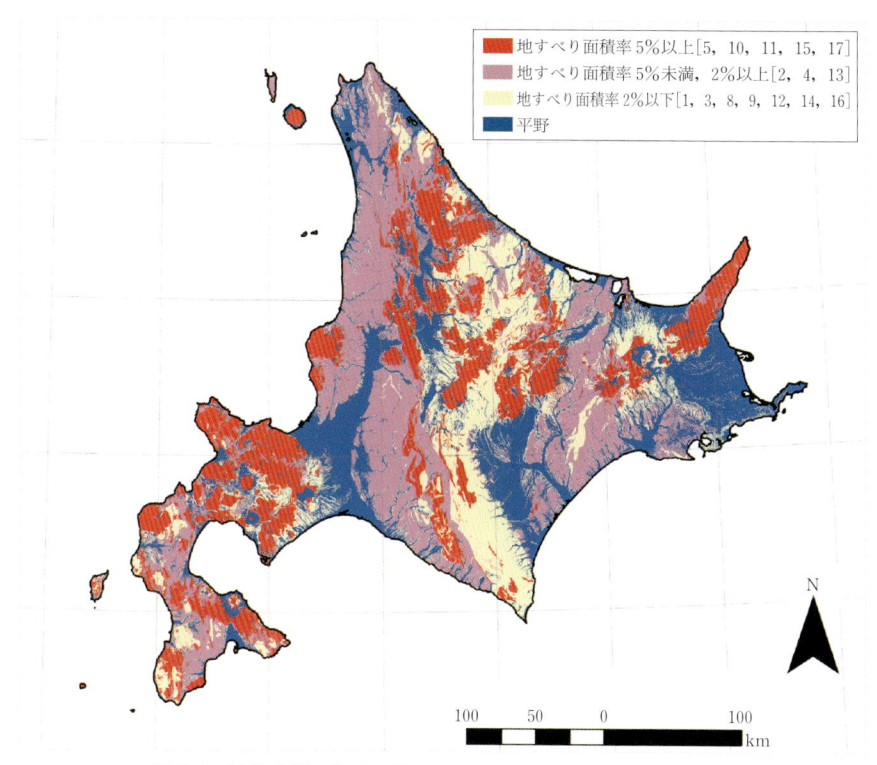

第3章 「北海道の地すべり地形デジタルマップ」を用いた地形特性解析　73

図3.8　地質分類に基づく地すべり発生危険度評価(4段階)。
　　　 赤色地域がもっとも危険性が高く，桃色，黄色，青色と続く。

因も強く影響していることを示している。一方，地すべり面積率が中・高の傾斜ヒストグラムを見ると，地すべり滑落崖の傾斜ヒストグラムでは，地すべり地域全域の傾斜ヒストグラムに比べ，わずかに急傾斜地域に分布しているようにも見える。ただそれぞれの地質において多少の違いはあるものの，明確な違いとして表れてはいない。以上のことから，地すべり面積率の差異の原因を，傾斜値だけではなく別のアプローチ方法を試みて探ってみた。

3. 地すべりの空間分布

傾斜ヒストグラムの比較では，各地質および地すべり面積率の違いにおけ

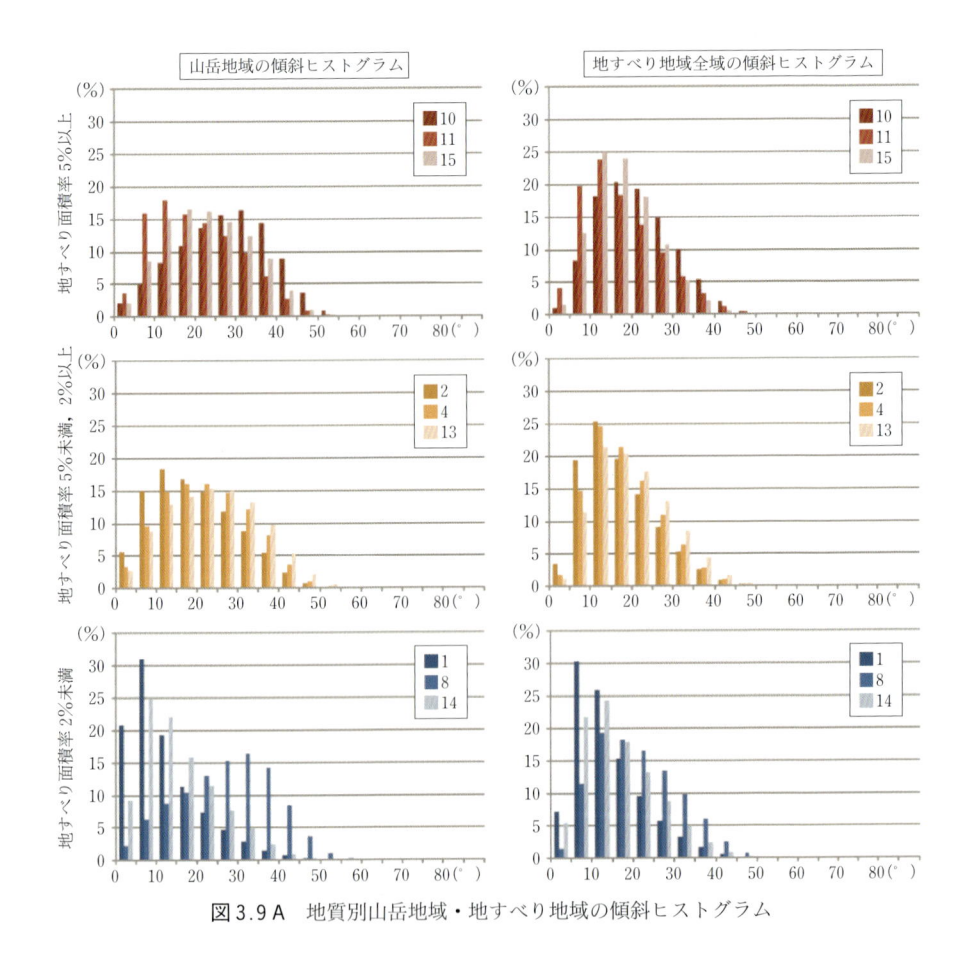

図3.9A　地質別山岳地域・地すべり地域の傾斜ヒストグラム

　る明瞭な差異が確認できなかったため，ほかの地形特性として「地すべりの空間分布」を用いることを試みた。地すべりの空間分布を比較対象するためには，空間的な指標が必要となる。ここでは，地形データから水文解析を行うことで谷線の自動抽出を行い，その谷線からの距離を地すべりの空間分布を示す指標として用いることにした。谷線の自動抽出には50mメッシュ地形データを用いて行い，集水面積を算出，1,000 cell 以上（250万m²以上）の集水面積をもつ地域をポリラインとして抽出し，谷線と仮定することで行った。自動抽出した谷線図（水系網図）および拡大図を，図3.10に示す。また，それ

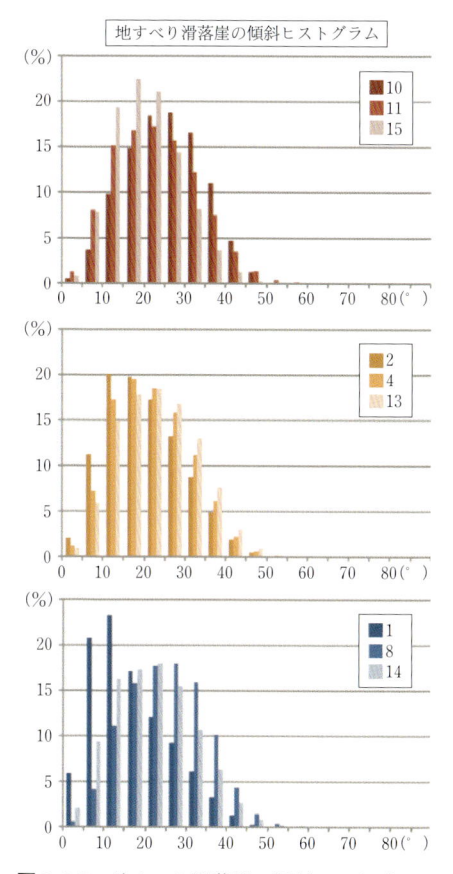

図 3.9 B　地すべり滑落崖の傾斜ヒストグラム

ぞれの地すべり地形・地すべり滑落崖に対し，個々の谷線からの距離が算出されるように，地すべり地域全域ポリゴン・地すべり滑落崖ポリゴンから重心点のポイントデータを作成した．図 3.10 の赤星印が地すべり地域全域ポリゴンから生成された重心点ポイントデータ，黄星印が地すべり滑落崖ポリゴンから生成された重心点ポイントデータである．この重心点ポイントデータの谷線からの距離を算出し，地すべりの空間分布を示す指標とした．

地すべり地域重心点・地すべり滑落崖重心点と谷線からの水平距離を，地質ごとに整理したものを図 3.11，図 3.12 に示す．図 3.11 は，地すべり地

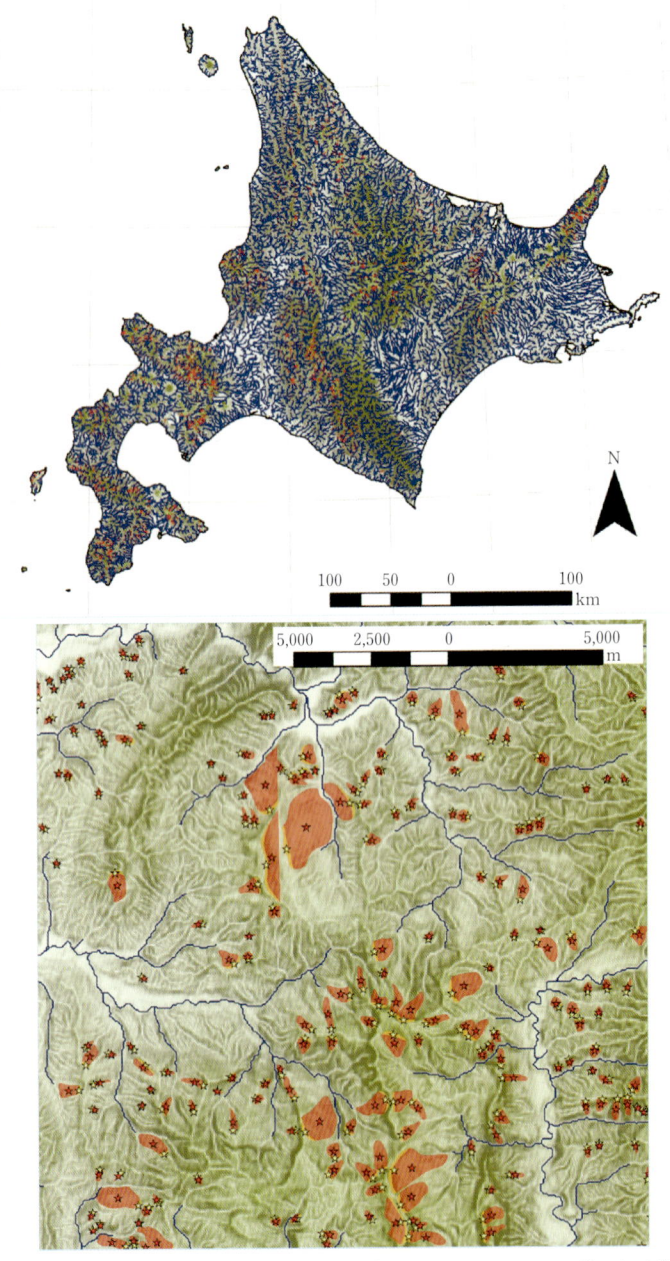

図 3.10 北海道の水系網図と重心点ポイントデータ。50 m メッシュデータで集水面積が 1,000 cell 以上の地域を谷線として自動抽出。赤星印が地すべり地形全域ポリゴンから生成された重心点ポイントデータ，黄星印が地すべり滑落崖ポリゴンから生成された重心点ポイントデータを示す。

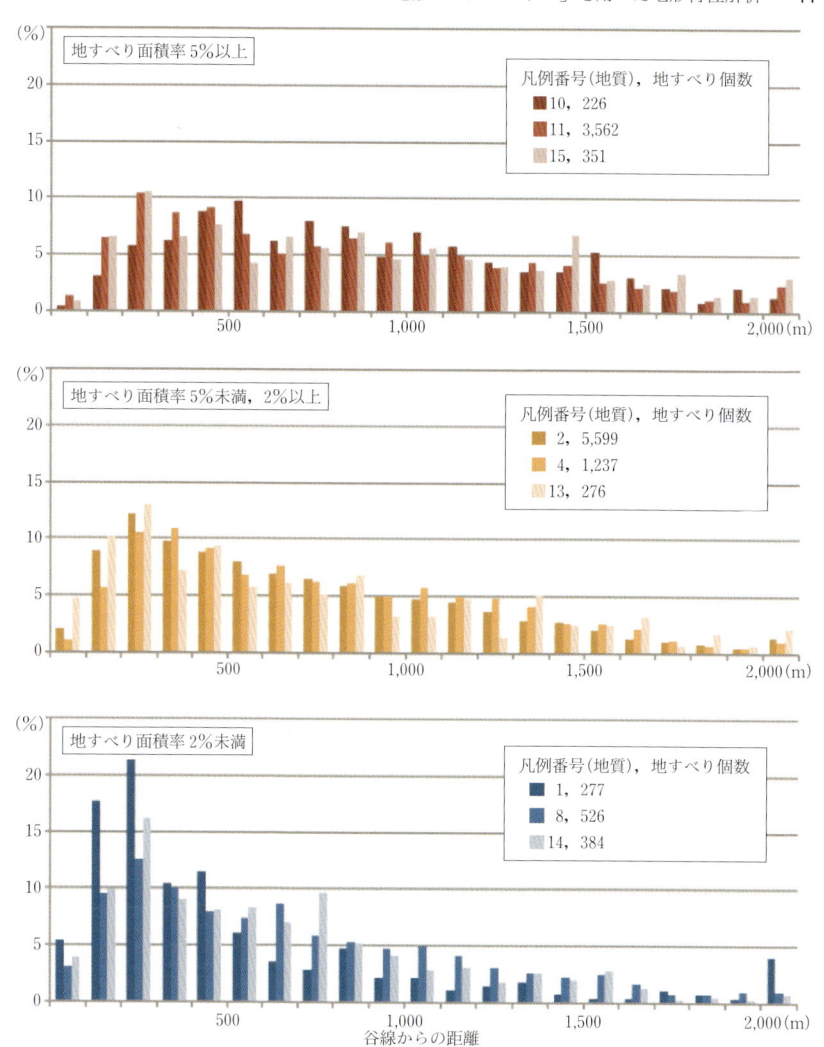

図 3.11 地すべり地域重心点の谷線からの水平距離

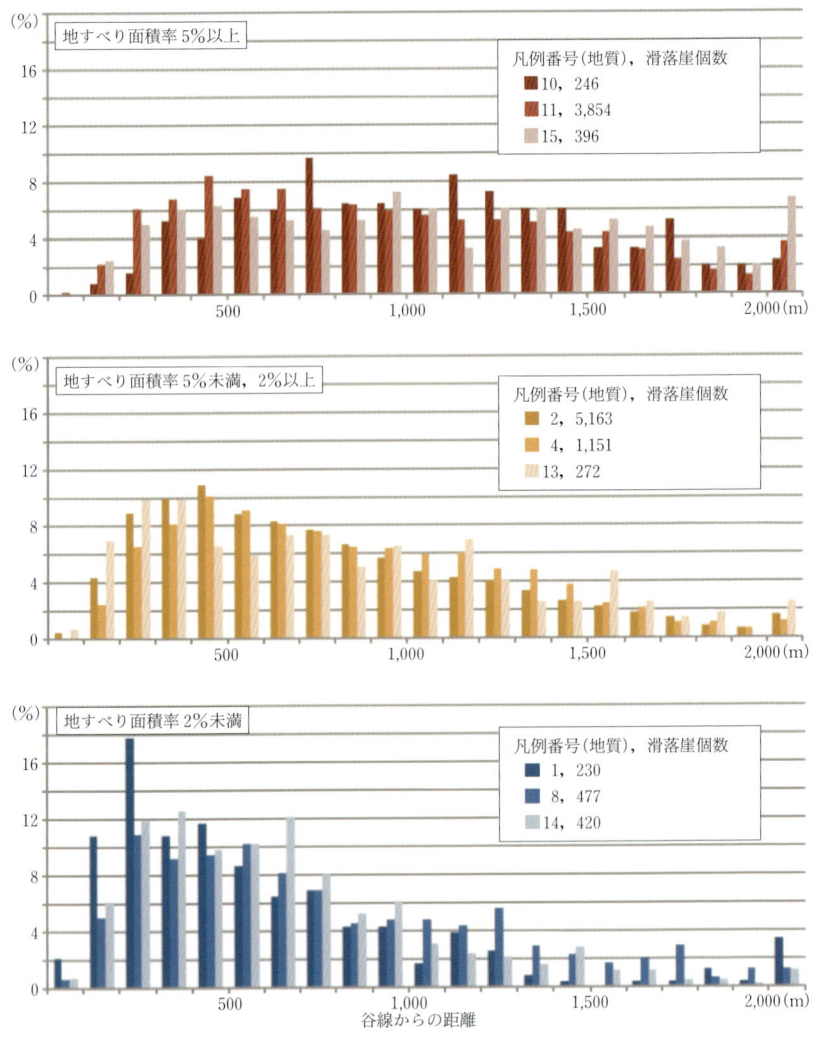

図 3.12 地すべり滑落崖重心点の谷線からの水平距離

域重心点と谷線からの水平距離を算出したものである．地質の分類方法は，山岳地域・地すべり地域・地すべり滑落崖の傾斜ヒストグラム(図3.9 A・B)を算出したときと同様に，地すべり面積率の高・中・低に区分している．図3.11を見ると，地すべり面積率が低い地質では地すべりは谷線付近で多く発生しているのに対し，地すべり面積率が高くなるほど，地すべりの空間分布は谷線から離れた場所に多くなる傾向が見られた．これは，地すべり滑落崖重心点と谷線からの水平距離を算出した図3.12でより顕著に表れている．つまり，地すべり面積率の高い地質ほど谷線から離れた地域に地すべり滑落崖は多く分布し，地すべり面積率の低い地域ほど谷線近傍で地すべり滑落崖が分布している傾向を示している．これらの原因は，それぞれの地質における岩石の抵抗力の違いによる開析のしやすさの差異などが考えられ，地質によって地すべり地形の地形特性が大きく異なっていることがわかる．以上の結果から，今後，地すべり発生危険地域の抽出を試みる場合には，地質別に考察する必要があることが示唆されている．

［引用・参考文献］

Doshida, S., Chigira, M. and Nakamura, T. (2006). Characterization of landslides by using precise DEM data in Ribira, Hokkaido. In: Disaster mitigation of debris flows slope failures and landslides (Marui, H. et al. ed.), 91–99. Universal Academy Press, Inc.

国土地理院．基盤地図情報(数値標高モデル)10 m メッシュ(標高)．http://fgd.gsi.go.jp/download/

国土地理院．基盤地図情報(数値標高モデル)50 m メッシュ(標高)．

㈱産業総合研究所地質調査総合センター(2009)．20万分の1日本シームレス地質図DVD版．

山岸宏光(2008)．北海道の地すべり地形分布と地質・地形との関連のGIS表示．北海道の地すべり研究30年(CD資料集)，北海道地すべり学会・㈳日本地すべり学会北海道支部，153-173．

第4章 北海道の地すべり活動度評価を行うためのデータベース作成の取り組み

1. これまでの北海道の地すべり分布図とそれらの地すべりデータベースへの活用
2. データベース構築のための作業手順と作成される機能
3. データベースの活用策

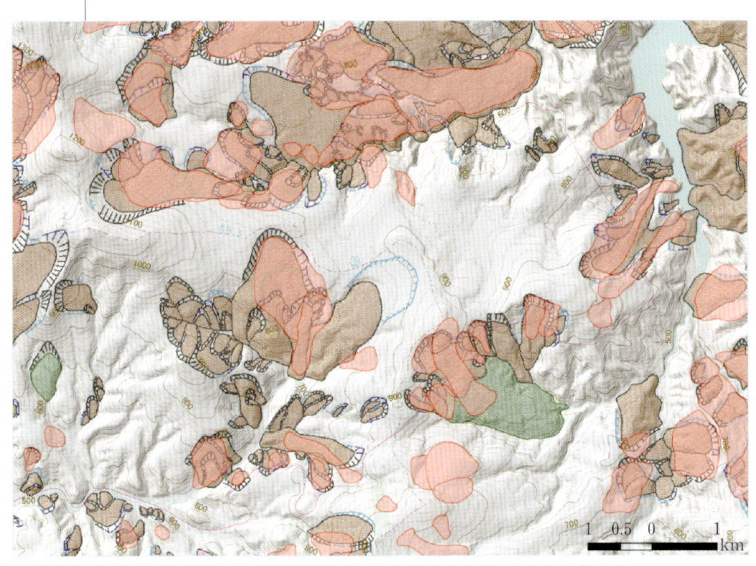

『北海道の地すべり地形』と「防災科研地すべり地形分布図」の重ね合わせ

『北海道の地すべり地形』(山岸, 1993)の地すべり地形分布図を活用した北海道の地すべり活動度評価のための，GIS型データベースの作成の取り組みについて紹介する。

本章では，北海道立総合研究機構地質研究所(以下，地質研究所と呼ぶ)が取り組んでいる地すべりデータベースの作成について紹介する。

『北海道の地すべり地形』(山岸, 1993)によれば，北海道内には12,800箇所以上にのぼる地すべり地形が分布している。こうした道内に多数存在する地すべりを対象に，その活動度を効率的に評価し，その結果を表示するための手段は現時点で作成されていない。これらの評価手法と手段が構築されれば，より優先的に対策すべき地すべりの抽出・指定に活用されるばかりでなく，災害発生域の予測など防災計画にも有効な情報の提供が可能となる。

一方，北海道内でこれまで実施されてきた地すべり関連事業により得られた情報は北海道庁内外に散在しており，地すべり事業の再開や近隣地域での対策を行う際に，これらの地すべり情報を収集することが困難な状況となっている。そのため，防止区域などの既存地すべり情報を効率的に検索するためのデータベースの構築が求められている。

こうした背景に基づき，地質研究所では平成21～23年度の北海道重点研究「土砂災害軽減のための地すべり活動度評価手法の開発」において，①空中写真判読による地すべり活動度判定法を開発するとともに，②この判定による活動度を示す地すべりの分布を表示し，さらには③地すべりデータベースとして活用可能なGISの作成に取り組んでいる。本章では，このうち②の地すべり活動度評価マップの表示と③のGIS型データベースの作成を中心に，『北海道の地すべり地形』(山岸, 1993)の地すべり地形分布図をベースとして活用した取り組みについて紹介する。

1. これまでの北海道の地すべり分布図とそれらの地すべりデータベースへの活用

北海道の地すべり情報をGIS化するためには，まず，ベースマップとなる北海道内の地すべり分布図が必要となる。本データベースでは，北海道内に広く普及している『北海道の地すべり地形』(山岸, 1993)と，北海道地域の地すべり判読作業が進められている防災科学技術研究所の「地すべり地形分布図」(清水ほか, 2010など)をベースマップとして使用することとした。

1.1 『北海道の地すべり地形』

1993年に北海道大学図書刊行会から出版された『北海道の地すべり地形——分布図と資料』は，道内268枚の5万分の1地形図上に北海道各地に分布する地すべり地形を描き入れたもので，紙面では8万5,000分の1程度の縮尺で掲載されている。この分布図は地すべり学会北海道支部監修・山岸宏光編集によるもので，地すべり地形の判読は山岸宏光(当時，北海道立地下資源調査所)を中心に，伊藤陽司(北見工業大学)，高橋伸幸(北海学園大学)，堀　俊和(明治コンサルタント㈱(当時))により行われた。

この分布図の地すべり地形判読は，1940年代後半の米軍撮影4万分の1空中写真を基本として使用し，雲に隠れて地表を確認できない箇所などについては，国土地理院や林野庁の空中写真を補助的に使用している。大規模な地すべり地形については，より小さいブロックに細分しているものも一部にあるが，この分布図では，地すべり地形を滑落崖と移動体からなるものと定義しており，移動体の内部地形の表示については一般的に省略している。この分布図は国土地理院5万分の1地形図に地すべり地形を描き込んでいるため，複数の図画にまたがった地すべりについては，地形図境界でずれていたり，片側の図画で欠落しているものもある。

『北海道の地すべり地形』は，北海道内の地すべり事業や道路等の建設，あるいは防災対策の計画を検討する際の基礎資料として，これまでも重用されてきた。それらの計画書や報告書で地すべりの存在について記述する際には，この分布図が活用されることが多く，北海道の土木・防災関係者に広く普及している書籍である。

この分布図の原図は，北海道立地下資源調査所(現在の地質研究所)に保管されており，2000年にこの原図をもとに北海道庁水産林務部が北海道地図㈱に委託をして，地すべり地形分布図のデジタル化，地すべり地形のシェープファイル作成が行われている。このデジタル分布図は水産林務部やその出先機関(振興局森林室)でGISデータの一部として現在も活用されている。

1.2 「地すべり地形分布図」

一方，防災科学技術研究所(NIED)(以下，防災科研と呼ぶ)では1982年より日

本全国を対象に「地すべり地形分布図」の刊行を進めており，同研究所のwebサイト (http://lsweb1.ess.bosai.go.jp/) から地すべり地形シェープファイルのダウンロードが可能である．このマップは東北地方を皮切りに，本州・四国・九州の範囲ですでに刊行され，2009年末からは北海道地方についても順次作成されている．今後数年かけて北海道全域の刊行を完了する計画となっているが，地すべり地形の写真判読については，未刊行地域も含め，北海道全域での作業をすでに終えている．防災科研の北海道地域の地すべり地形判読は，清水文健氏を中心に行われた．

　この分布図の地すべり地形判読は，1970年代の国土地理院撮影4万分の1空中写真を使用している．分布図の地すべり地形は滑落崖と移動体に分けて表示されているが，それぞれの関連づけはされていない．移動体については，地すべり内で小ブロックに分割可能なものはブロック単位に細分して表示しているのが1つの特徴となっている．

　上記の防災科研webサイト上に公開されている電子化された地すべり地形の構成は，滑落崖ポリライン (冠頂線とケバ線) および移動体ポリゴンのシェープファイルからなる．移動体ポリゴンは上述の通り基本的に小ブロック単位で区切られているが，複数のブロックからなる地すべりの場合，それぞれ独立したポリゴンで構成されており，地すべり全体を一つの単体とみなした関連づけはされていない．

1.3 『北海道の地すべり地形』と「防災科研地すべり地形分布図」とを融合した分布図の活用

　北海道内に広く普及している『北海道の地すべり地形』も，全国標準の「防災科研地すべり地形分布図」も，道路やダムなどの建設や防災計画を検討する際に地すべりの発生し得る位置を把握するための有効な資料となっている．しかし，表示された地すべり地形は，現在活動を繰り返している不安定なものと，長い期間活動経歴がなく安定しているものとの区分がなされておらず，経験を積んだ地すべり技術者以外は，その安定性 (活動度) を読み取ることはできない．そのため，建設・防災関係者からは活動度の違いを表現した地すべり地形分布図の作成が求められている．そこで，多くの地すべり

技術者が地すべりの活動度を評価できるよう，空中写真判読による地すべり活動度の評価手法を開発するとともに，それを表示するためのシステムを構築することとした。また，作成するデータベース(GIS)は，今後評価作業が進められていく地すべり活動度を表示できる仕様とした。

『北海道の地すべり地形』と「防災科研地すべり地形分布図」の両者の最大の相違は，前者は地すべり地形のデータベースを考慮した構成となっており，すべての地すべりに属性番号が付されている。本研究課題の目的は地すべり地形の"データベース"を作成するものであることから，『北海道の地すべり地形』の属性番号を使用(一部修正)し，各地すべりを整理することとした。

一方，「防災科研地すべり地形分布図」では，地すべり地形が分化したブロック単位まで表現されている。本研究課題の目的の1つである地すべり活動度を読み取るためには，ブロック単位の表示は有効な情報となる。しかしながら，本分布図は上述のとおり，ブロック分化以前の地すべり全体を一体とした扱いはされておらず，それぞれのブロックの関連付けがされていない。

本研究課題では，分化以前の地すべり全体を1つの単位と定義し，そのなかのブロック区分も読み取れるよう分布図を作成した。基本的には『北海道の地すべり地形』に表示された地すべり地形を地すべりの1単位とし，「防災科研地すべり地形分布図」からはレイヤの重ね合わせにより細分化したブロックを読み取れるようにした。さらに，両者の分布図に描かれている地すべりの関係を示すことにより，今後使用されていくであろう両分布図の相違についての混乱を回避するとともに，両者の情報を融合した分布図をベースとしたデータベースを作成することで，地すべりの活動度を評価するための有効なツールを構築する。

2．データベース構築のための作業手順と作成される機能

本データベースは上記地すべり分布図を基本図とし，北海道内の地すべりの既存情報(地形・地質・観測データ等)を検索・抽出する GIS からなる。さらに，それぞれの地すべりについて活動度評価を行った結果を表示する機能を

付加する．そのため，データベース作成にあたっては，①デジタル地すべり分布図の整備，②既存地すべり情報の入力，③地すべり・地形・地質情報のGIS化，④活動度判定基準の設定および活動度の表示，といった4つの工程が必要となる．以下にその作業手順ならびにその結果作成される機能について述べる．

2.1 デジタル化した地すべり分布図の整備

地すべりデータベースの基本図として，『北海道の地すべり地形』(山岸，1993)および防災科学技術研究所作成の「地すべり地形分布図」(清水ほか，2010)を使用したデジタル地すべり分布図を整備する．分布図レイヤの重ね合わせにより，両分布図それぞれに表示された地すべりについて，視覚的な対比が可能となる．画面上の画像はインデックスページ(図4.1)も含め，閲覧画面に『北海道の地すべり地形』の分布図が前面に表示されるようにした

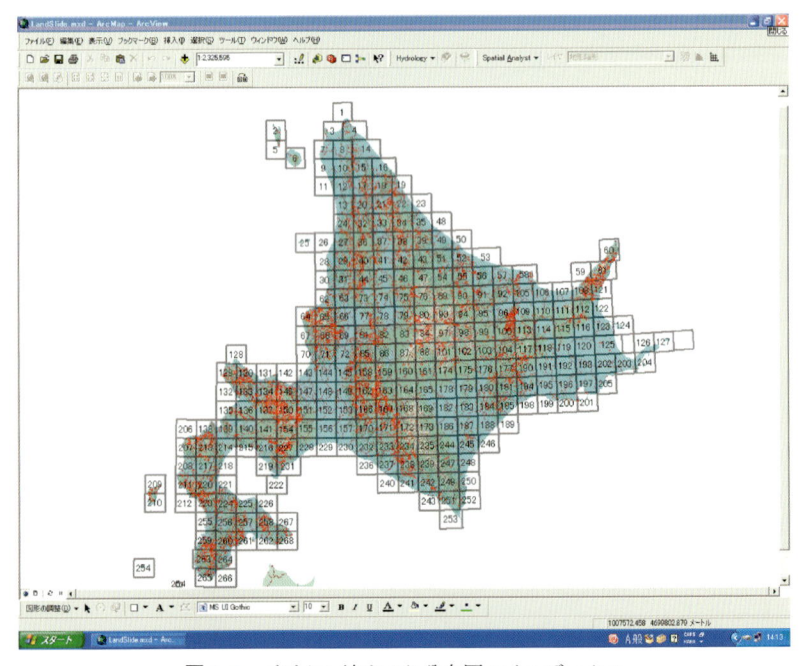

図4.1　デジタル地すべり分布図のインデックス

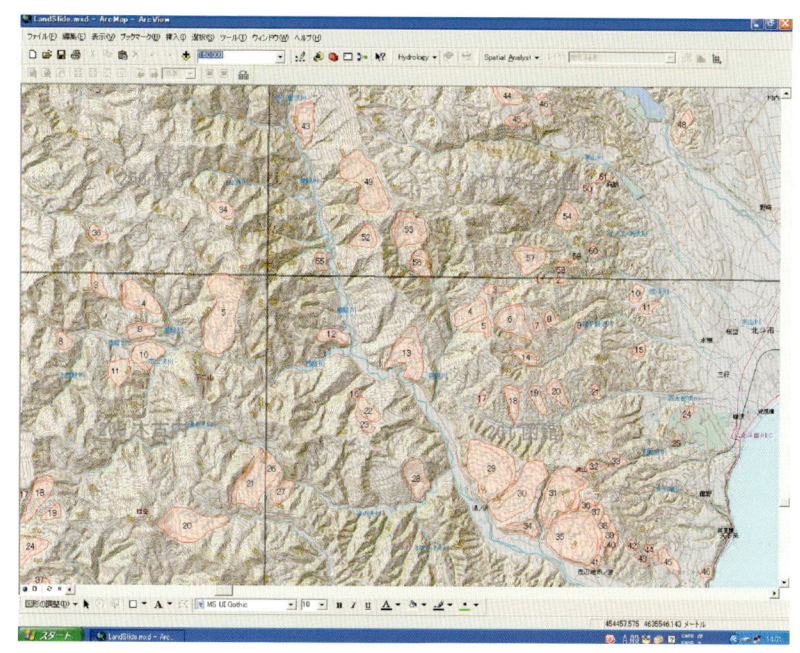

第4章　北海道の地すべり活動度評価を行うためのデータベース作成の取り組み　　87

図4.2　デジタル地すべり分布図の表示例

(図4.2)。

　『北海道の地すべり地形』のデジタルマップ化は，GIS ソフト ESRI Arc-GIS9.3.1 上で作業を行った(小澤・石丸，2011)。まず，『北海道の地すべり地形』を GIS 化するために，地すべり地形のシェープファイル(前述，北海道地図㈱作成)を全道で表示できるよう JGD2000 UTM54N 座標系への座標付けを行った。

　デジタル地すべり分布図の基図は，北海道地図㈱の GISMAP Terrain により等高線と地形陰影を作成し，同社製の GISMAP 25000V により交通，施設，行政界を表示した。これに地すべり地形のシェープファイルを加えたものを Web-GIS サーバー(ESRI 社製の ArcGIS Server 9.3.1)を用いて配信し，Web 上で閲覧できるようにした。デジタル地すべり分布図のインデックスは，北海道全域マップに5万分の1地形図の区画枠を入れた画像(図4.1)を用いた。このインデックス画面を拡大していくと最大2万5,000分の1縮尺

の閲覧画面となる。地すべり地形ポリゴンの配色は，外形線を赤色，内部を薄い赤の透過色とした(図4.2)。

前述の『北海道の地すべり地形』の5万分の1地形図境界でのズレや，欠落の生じている地すべり地形については，ArcGIS上で北海道地図㈱のGISMAP Terrainの10 mDEMによる等高線・陰影をもとに地すべり地形を読み取り，完全個体の地すべり地形に修正した(図4.3)。修正した地すべり地形の数は460箇所(修正後の数)にのぼる。

地すべり地形の修正・デジタル化した地すべり分布図は，地質研究所webサイト(http://www.gsh.hro.or.jp/datamap.html)から閲覧可能である。なお，『北海道の地すべり地形』のデジタル化やGISデータの仕様についての詳細は，小澤・石丸(2011)を参照いただきたい。

一方の「防災科研地すべり地形分布図」の地すべり地形については，すでに緯度経度座標をもつシェープファイルとなっていることから(図4.4)，ArcGIS上で『北海道の地すべり地形』と重ね合わせ表示が可能である。この重ね合わせにより，二次ブロック単位の表示がされていない『北海道の地すべり地形』の地すべりも視覚的にブロック分割が読み取れるものとなる。

2.2 既存地すべり情報の入力

入力する情報は①地すべりの規模・形態情報，②地すべり観測・調査情報(防止区域を含む)に大きく分けられる。これらの情報はデータベース化され，対象とする地すべりをクリックした際にその地すべりの情報が表示されるほか，地すべり分布図やデータベースの一覧表からも検索・抽出可能なものとする(図4.5)。

①規模・形態情報は，ArcGISを使用し，面積や幅，奥行き，比高，傾斜，標高などの地すべり地形の基本情報を得る。②地すべり観測・調査情報は，北海道庁所有の地すべり防止区域の情報などを中心に(図4.6)，地すべりの活動履歴，地形・地質断面，観測記録など既存資料の情報を入力し，これらを地すべり分布図とリンクさせることにより，道内全域を対象とした地すべりデータベースを作成する。

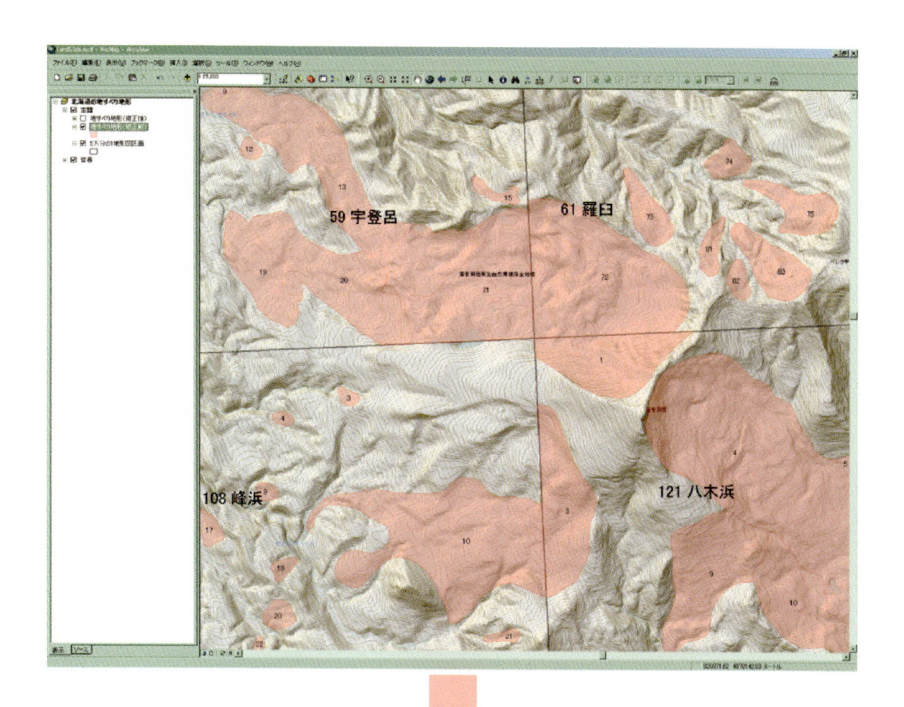

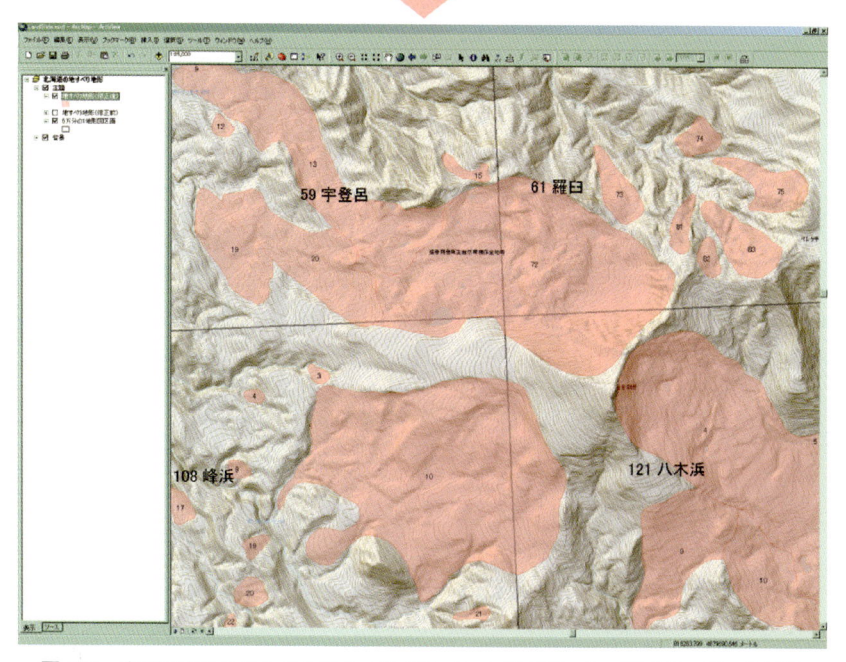

図 4.3　地形図境界にまたがる地すべりポリゴンの修正例。上：修正前，下：修正後

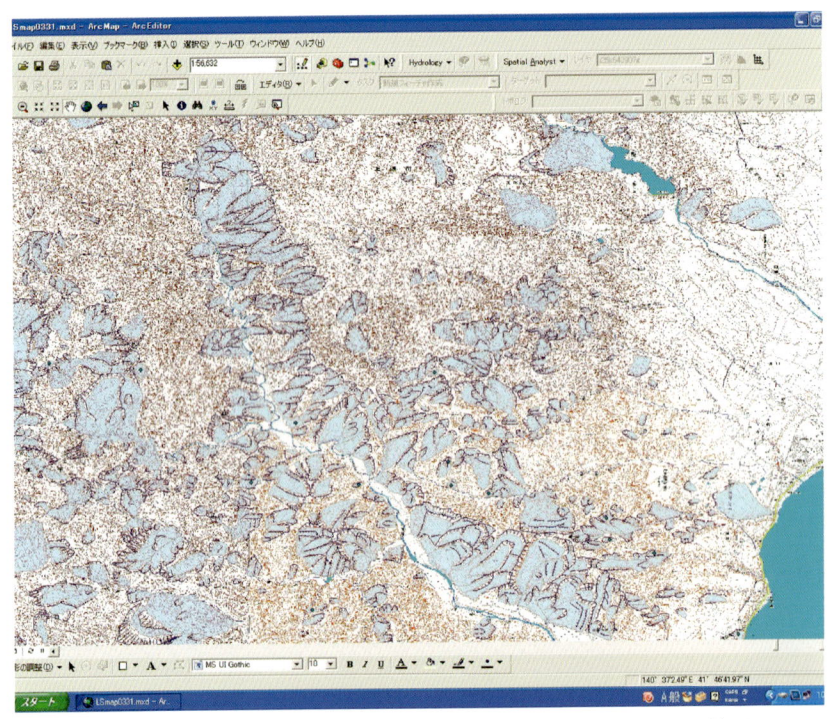

図4.4 防災科研(NIED)による地すべり地形分布図。図4.2と同じ範囲

2.3 地すべり分布・地形・地質情報のGIS化

　DEMデータなどの地形情報マップおよび地質情報マップなどとの重ね合わせを行い，地すべり分布・形態の空間解析や要因検討を行えるようなGISを作成する。地形情報としては，DEMを使った斜面傾斜や平面曲率，垂直曲率などを検討している。地質図については，使用する縮尺の問題をともなうことなどから，現在検討中である。以上のGIS情報をもとに，どのような地形・地質条件で地すべりが発生しやすいか，地すべり規模はどのような条件に規制されるかを検討することが可能となる。

2.4 活動度判定基準の設定および活動度の表示

　地すべり活動度の判定基準の設定については，まず，熟練地すべり技術者

第4章 北海道の地すべり活動度評価を行うためのデータベース作成の取り組み　91

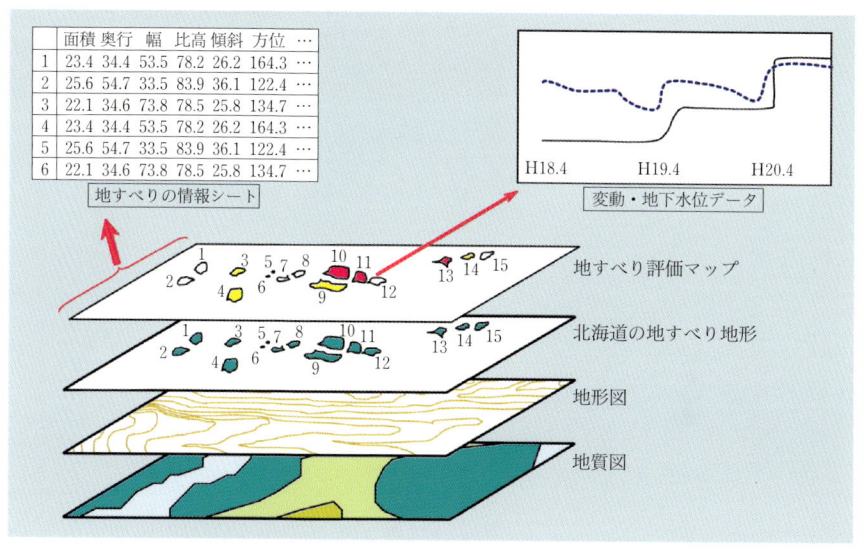

図4.5　活動度評価のためのデータベースのイメージ

の判断基準を一般化するため，その注目点を抽出し，重み付けを行なった。重み付けはAHP法*を採用した。AHP法を用いた地すべり活動度の評価は，八木ほか(2009)，Miyagi et al.(2004)によりすでに行われている。本研究課題では北海道地域の地質や地形・気候条件を考慮した活動度評価の構築を目指すため，北海道の地すべりをよく知る熟練技術士の経験的判定基準をAHP法により抽出した。その人選にあたっては，かつて地すべり学会北海

---

* AHP(Analytic Hierarchy Process)法とは。階層分析法ともいい，意思決定における問題の分析において，人間の主観的判断とシステムアプローチとの両面からこれを決定する問題解決型の意思決定手法である。ピッツバーグ大学のThomas L. Saatyが提唱した。その工程は，意思決定に関連する評価基準などを階層化し，同一階層内の要素についての重要度を比較・数値化した後，各階層の重要度をかけ合わせることで総合的な重要度を求める。地すべり地形を判断基準とした地すべり活動度評価に適用する場合，その活動度評価を行う際の指標となる地形的特徴(例えば，滑落崖の崖錐の発達，微地形の鮮明さ，地すべり前面の崩壊地形の存在，二次ブロック化，末端部の河川による浸食環境など)を抽出し，同一階層内の指標の相互の重要性を比較して相対的なウェイトを出し合い，最終的に各階層の重要度をかけ合わせた結果で判断する。

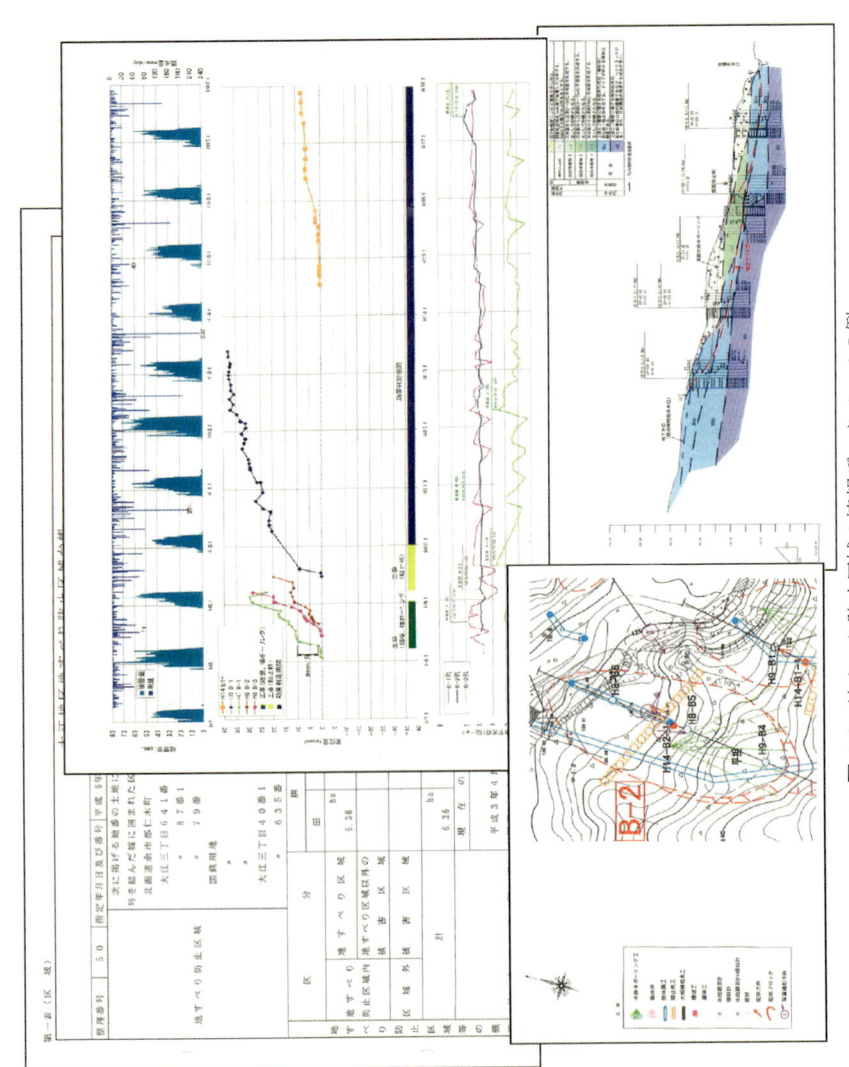

図 4.6 地すべり防止区域の情報データベースの例

道支部研究小委員会の空中写真判読グループにおいて地すべり地形の判定ポイントを取りまとめた(若山ほか，1999)雨宮・中村・横田・若山に，伊藤・坪山・田近を加えた地すべり評価の判定をもとに，さらに石丸・川上を加えて議論を重ね，基準化を行った。

　AHPの階層化にあたっては東北支部のもの(Miyagi et al., 2004)を参考に検討を進めた。東北支部の場合，変動が微少であっても頻度の高いものを「危険度が高い」としたのに対し，本研究課題では対策の必要性を考慮して，頻度だけではなく変動量の大きさも加味して「活動度が高い」と定義し，この活動度についての評価基準を設定した(石丸ほか，2011)。

　続いて，活動度判定用の評価得点を入力するためのデータベースを整備する。AHP法により得られた評価基準得点を表示した地すべり活動度チェックシート(図4.7左)にあてはまる項目を選択していくことで，一般技術者でも熟練技術者と同様の判断基準による地すべりの活動度を判定できる。このチェックシートの採点結果をデータベース上のシートに入力することで，デジタル地すべり分布図上の地すべりに対し活動度が色別で表示されるようになる(図4.7右)。また，その判定結果を新たな情報としてデータベースに取り込めるようにする。

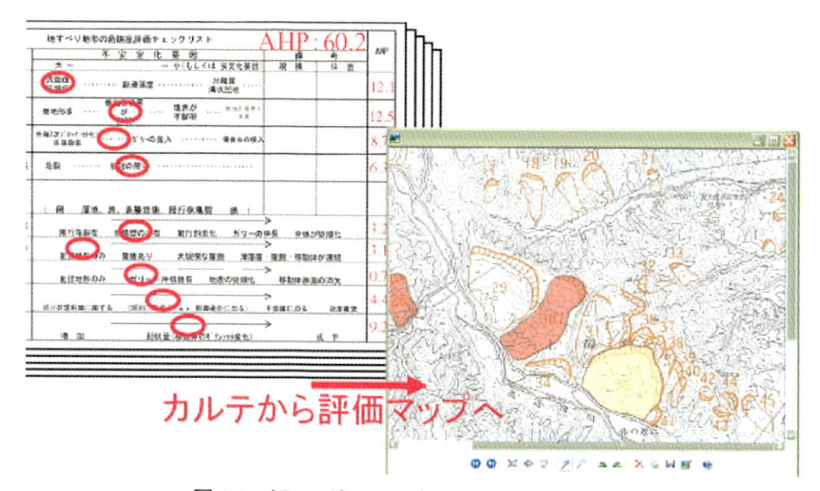

図4.7　個々の地すべり地形の活動度評価の表示

以上の活動度評価の基準および判読の手順については，一般地すべり技術者向けの「活動度評価手法マニュアル」として取りまとめ，地すべり活動度評価マップ作成の支援・案内を行う。

3. データベースの活用策

本研究課題により作成したデータベースは，ArcGIS で管理し関係機関で活用すると同時に，このうち主要な情報については WebGIS により一般公開することを検討している。データベースの情報は，一部個人情報を含むこと，未公表資料を含むこと，ファイル容量の大きな資料もあることから，収集した情報を選別して公開する必要がある。したがって，使用する対象者によりデータベースの利用可能な範囲は異なるが，それぞれの対象者ごとに以下のような活用を想定し，公開のための整備を行っている。

3.1 北海道庁の地すべり関係部署

北海道庁の地すべりを所管する各部署では，地すべり防止区域・地すべり警戒区域・地すべり危険地等の指定地に関する多くの情報を所有している。しかし，その情報を効率的に検索・抽出するツールは必ずしも十分ではなく，場合によってはその情報がどこに保管されているのか，あるいは存在自体を確認することさえ困難なものもある。本データベースはこれら指定地の情報（おもに図表などの画像）を，『北海道の地すべり地形』の分布図とリンクさせて管理を行うことから，こうした情報を視覚的に容易に検索することが可能となる。これにより過去の被災状況や地すべり対策事業等の情報をもとに，将来の指定地の対策・管理をどのように行うべきか検討することが可能となる。さらに，地形や地質などが類似条件の指定地のデータから，有効な対策を行うための参考情報を得ることもできる。

これまで活用されてきた『北海道の地すべり地形』では，地すべりの分布は示されていたが，その活動度を読み取ることができるのは熟練技術者などごく一部の者に限られていた。これに対し，地すべり活動度の判定結果を示す分布図が整備されることにより，一般防災関係者にとっても，優先的に対

策すべき地すべりを抽出することが可能となる．

3.2 地質研究所・共同研究機関

本データベースには，地すべり防止区域等の指定地における地すべりの活動履歴，地形・地質断面，変動観測記録や水位データなど地すべり変動に関する情報が多数入力されている．これらの情報をもとに，地すべり変動特性の解析やさまざまな条件下における地すべり活動の誘因解析などを行うことが可能となる．また，データ容量等の問題で外部への公開はできないが，データベース内の 10 m DEM を用いて地形解析が可能となることから，さまざまな地形条件と地すべり分布・地すべり地形との関係について検討することができる．

3.3 一般技術者・研究者など

WebGIS を介して『北海道の地すべり地形』の分布図をシームレスでさまざまな縮尺で閲覧できるようになった．さらに，地すべり活動度評価マップが整備されれば，道路建設や宅地造成などの地域選定に有効な情報が得られる．また，今後，地質・地形などの情報マップを整備し，その重ね合わせにより地すべり分布の空間解析を行い，地すべり発生の地質・地形的要因を検討することも可能となる．

［引用・参考文献］

石丸　聡・田近　淳・川上源太郎・雨宮和夫・伊藤陽司・坪山厚実・中村　研・横田　寛・若山　茂(2011). 北海道を対象とした地すべりの活動度評価―AHP 法を用いた空中写真判読に基づく活動度評価. 第 50 回日本地すべり学会研究発表会講演集. 200-201.

Miyagi, T., Prasada, G. B., Tanavud, C., Potichan, A. and Hamasaki, E. (2004). Landslide risk evaluation and mapping: manual of aerial photo interpretation for landslide topography and risk management. *Report of the National Research Institute for Earth Science and Disaster Prevention*, 66: 75-137.

小澤　聡・石丸　聡(2011). 北海道の地すべり地形分布図データマップの Web-GIS 情報提供. 北海道地質研究所報告, 83：73-76.

清水文健・井口　隆・大八木規夫(2010). 地すべり地形分布図.「函館」ほか.

八木浩司・檜垣大助ほか(2009). 空中写真判読と AHP 法を用いた地すべり地形再活動危険度評価手法の開発と阿賀野川中流域への適応. 日本地すべり学会誌, 45-5：8-16.

山岸宏光(編)(1993). 北海道の地すべり地形―分布図と資料. 北大図書刊行会. 392 pp.

若山　茂・雨宮和夫・横田　寛・中村　研(1999). 空中写真判読による地すべり地形の認定と確実度における評価. 地すべり, 35-4：34-42.

索　引

【ア行】
移動体　62,83,84
インストーラ　8
エクスポート　57
オプション　57

【カ行】
各種ツールバー　20
活動経(履)歴　84,88,95
滑落崖　51,62,83,84
危険度判定　ii
基盤地図情報　i
空間検索　48
空間分布　74,79
空中写真　83
空中写真判読　85,93
傾斜分級図　34
効果ツールバー　26
国土数値情報　47
国土地理院　i

【サ行】
山岳地域　67
産総研地質調査総合センター　33
シェープファイル　2,83,84,87,88
ジオメトリ変換　48,51,57
地すべり移動体ポリゴン　51
地すべり滑落崖ポリゴン　65
地すべり危険地　94
地すべり警戒区域　94
地すべり指定地　42
地すべり地形　62
地すべり地形最高点　41
地すべり地形全域ポリゴン　65
地すべり地形総面積　41

地すべり地形データベース　41
地すべり地形の滑動方向　41
地すべり地形の長さ　39
地すべり地形の幅　41
地すべり地形ポリゴン　57
地すべり地ポリゴン　57
地すべり発生危険地域　79
地すべり発生危険度評価図　72
地すべり防止区域　88,94,95
地すべり面積率　71,72
シームレス　95
シームレス地質図　31
シームレス地質図データベース(20万分の1)　i
重心点　75
集水面積　74
情報表示バー　21
森林区分　39
垂直曲率　90
数値標高データ　62
世界測地系　2
属性検索　48
属性テーブル　48

【タ行】
ダウンロード　84
谷線　74
地形陰影　87
地形表現図　62
地質岩相 Unit　55
地質調査総合センター(産総研の)　31
地図表示エリア　21
抽出　57
データツールバー　22
統計情報　53

等高線　　87,88
土砂災害　　82

【ナ行】
ナビゲーションツールバー　　22
日本語化パッチ　　8

【ハ行】
ファイルツールバー　　21
平面曲率　　90
平野部　　67
ベクター解析　　43
ベクター解析法　　31,48
ベクター型データ　　67
ポイント　　43,45,51
ポイントフューチャ　　57
ポイント変換　　57
防災科学技術研究所　　i
北海道の地すべり地形　　i
北海道の地すべり地形デジタルマップ　　42
北海道の地すべり地形データベース　　31
北海道の地すべり地形分布図　　31,33
ポリゴン　　45,84,88
ポリライン　　43,45,51,84

【マ行】
マークアップツール　　27
マスクで抽出　　57
マスク法　　53,57
メニューバー　　20
面積率　　65

【ヤ行】
誘因解析　　95

【ラ行】
ラスター演算　　55
ラスター解析　　43,46,53
ラスター解析法　　31,53

ラスター型データ　　67
レイアウトツールバー　　28
ローカル　　55

【数字】
20万分の1日本シームレス地質図　　67

【A】
AHP法　　91,93
ARCMAP　　38,48
ArcReader　　6

【C】
Combine　　55
Combine法　　53
COUNT　　57

【D】
dbf　　48
dbfファイル　　55,57
DEM(数値標高モデル)　　ii,90,95

【E】
EXCEL　　55

【G】
Geo_DB　　34,48
GIS　　31
GIS Landslide　　i
GIS解析　　31,38
GIS解析法　　47
GIS解析例　　32
GIS技術　　i
Google Earth　　ii,36

【K】
KMZ　　36

【S】
shp　　58

shp ファイル　48
Spatial Analyst　53,57

【T】
TOC エリア　21

【W】
WebGIS　94,95

執筆者一覧

石丸　聡(いしまる さとし)
　1965年生まれ
　1991年　北海道大学大学院環境科学研究科博士課程中退
　現　在　北海道立総合研究機構 地質研究所主査(防災地質)
　第4章執筆

小澤　聡(おざわ さとし)
　1967年生まれ
　1992年　北海道大学大学院理学研究科修士課程中退
　現　在　北海道立総合研究機構 地質研究所主査(沿岸情報)
　第4章執筆

川上源太郎(かわかみ げんたろう)
　1970年生まれ
　2003年　北海道大学大学院理学研究科博士課程修了
　現　在　北海道立総合研究機構 地質研究所研究主任
　第4章執筆

小池明夫(こいけ あきお)
　1969生まれ
　1993年　京都大学工学部卒業
　現　在　株式会社ドーコン技術情報部主任技師
　第1章執筆

田近　淳(たぢか じゅん)
　1954年生まれ
　1978年　北海道大学理学部卒業
　1994年　北海道大学　博士(理学)
　現　在　北海道立総合研究機構 地質研究所地域地質部長
　第4章執筆

土志田正二(どしだ しょうじ)
　1980年生まれ
　2008年　京都大学大学院理学研究科博士課程修了
　現　在　独立行政法人 防災科学技術研究所契約研究員　博士(理学)
　第3章執筆

山岸宏光(やまぎし ひろみつ)
　別　記

Pimiento Edgar(ピミエント・エドガー)
　1964年コロンビア生まれ
　2002年　島根大学大学院総合理工学研究科修士課程修了
　現　在　島根県庁土木部
　第2章執筆

Ayalew Lulseged(アヤレウ・ルルセゲド)
　1969年エチオピア生まれ
　2000年　クラウス工科大学大学院博士課程修了
　2004年　新潟大学自然科学系助教授
　現　在　フリーランサー(カナダ在住)
　第2章執筆

山岸宏光(やまぎし ひろみつ)
　1942年静岡県生まれ
　1966年北海道大学理学部卒業。同年7月北海道立地下資源調査所
　　(現 北海道立総合研究機構 地質研究所)入所
　1990年北海道立地下資源調査所環境地質部長
　1999年新潟大学理学部教授
　2008年愛媛大学特命教授
　2009年愛媛大学教授　理学博士

　主な編著書
　日本の活断層〈共著〉(東京大学出版会，1980，1991)，北海道の地すべり地形〈編著〉(北海道大学図書刊行会，1993)，水中火山岩 (北海道大学図書刊行会，1994)，北海道の地すべり地形データベース(書籍＋CD-ROM)〈共著〉(北海道大学図書刊行会，1997)，空中写真によるマスムーブメント解析〈共著〉(北海道大学図書刊行会，2000)，ブックレット新潟大学「弥彦・角田山から地球環境を考える」〈共著〉(新潟日報事業社，2004)，フィールドジオロジー第4巻，シーケンス層序と水中火山岩類〈共著〉(共立出版，2006)，環境地質学―新潟大学9年間の研究と教育(綴喜屋，2008)
　第2章執筆

[OK 館外貸出可]

北海道の地すべり地形デジタルマップ
2012年3月25日　第1刷発行

　　　　編 著 者　山岸宏光
　　　　発 行 者　吉田克己

　　　　発行所　北海道大学出版会
　　札幌市北区北9条西8丁目 北海道大学構内(〒060-0809)
　　Tel. 011(747)2308・Fax. 011(736)8605・http://www.hup.gr.jp/

㈱アイワード　　　　　　　　　　　　　　Ⓒ 2012　山岸宏光

ISBN978-4-8329-8200-0

書名	編著者	仕様・価格
北海道の地すべり地形 ―分布図とその解説―	地すべり学会 監修 北海道支部 編 山岸宏光	B4・426頁 価格50000円
北海道の地すべり地形データベース	地すべり学会 監修 北海道支部 編 山岸宏光ほか	B4・350頁 ＋CD-ROM 価格26000円
地震による斜面災害 ―1993～94年北海道三大地震から―	地すべり学会 北海道支部 編	A4・304頁 価格25000円
空中写真によるマスムーブメント解析	山岸宏光 志村一夫 著 山崎文明	A4変・232頁 価格20000円
水中火山岩 ―アトラスと用語解説―	山岸宏光 著	A4変・208頁 価格8500円
地球惑星科学入門	在田・竹下・ 見延・渡部 編著	A5・452頁 価格2800円
北海道の地震	島村英紀 森谷武男 著	四六・238頁 価格1800円
北海道の自然史 ―氷期の森林を旅する―	小野有五 五十嵐八枝子 著	A5・238頁 価格2400円
札幌の自然を歩く［第3版］ ―道央地域の地質案内―	宮坂・田中・岡 ・岡村・中川 編著	B6・322頁 価格1800円
北海道の石	戸苅賢二 土屋籌 著	四六・176頁 価格2800円
持続可能な低炭素社会	吉田文和 池田元美 編著	A5・248頁 価格3000円
持続可能な低炭素社会Ⅱ ―基礎知識と足元からの地域づくり―	吉田文和 池田元美 深見正仁 編著 藤井賢彦	A5・326頁 価格3500円
持続可能な低炭素社会Ⅲ ―国家戦略・個別政策・国際政策―	吉田文和 深見正仁 編著 藤井賢彦	A5・288頁 価格3200円
地球温暖化の科学	北海道大学大学院 環境科学院 編	A5・262頁 価格3000円
オゾン層破壊の科学	北海道大学大学院 環境科学院 編	A5・420頁 価格3800円
環境修復の科学と技術	北海道大学大学院 環境科学院 編	A5・270頁 価格3000円

〈価格は消費税を含まず〉

――――北海道大学出版会――――